巴甫洛夫的狗
PAVLOV'S DOG:
Groundbreaking Experiments in Psychology

改变心理学的
50个实验

[英]亚当·哈特-戴维斯
Adam Hart-Davis —— 著

张雨珊 —— 译

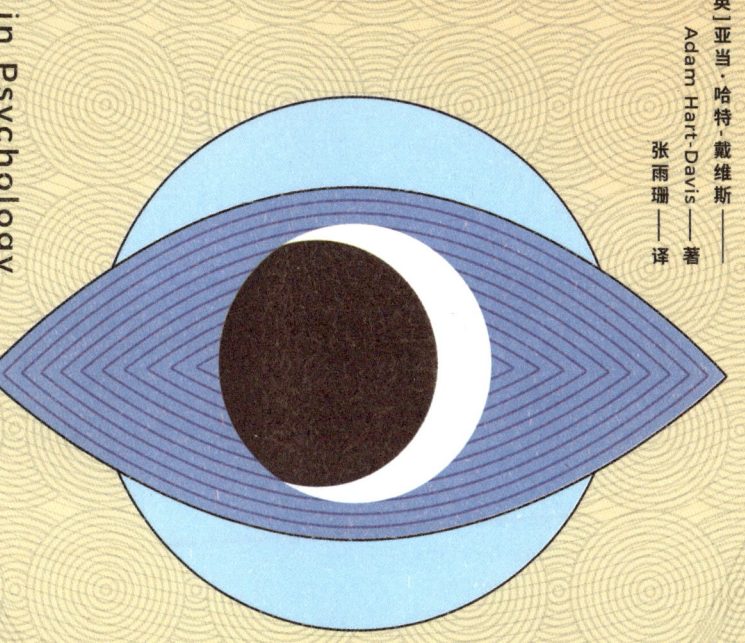

北京联合出版公司
Beijing United Publishing Co.,Ltd.

目录

引言　　　　　　　　　　　　　　　　　　　　　　　　　6

1. 开端：1848—1919　　　　　　　　　　　　　　　8

　　1881　蚯蚓有智力吗？——达尔文　　　　　　　　　10
　　1896　人能在上下颠倒的世界里生活吗？——斯特拉顿　13
　　1898　你家的猫有多聪明？——桑代克　　　　　　　16
　　1901　巴甫洛夫按铃了吗？——巴甫洛夫　　　　　　19
　　1910　你能想象出派基番茄吗？——切夫斯·维斯特·派基　22

2. 行为主义的挑战：1920—1940　　　　　　　　　26

　　1920　小艾伯特怎么了？——华生与雷纳　　　　　　28
　　1927　你担心未完成的工作吗？——蔡格尼克　　　　31
　　1932　你擅长讲故事吗？——巴特莱特　　　　　　　34
　　1938　动物是怎样学习的？——斯金纳　　　　　　　37
　　1939　心理学能提高生产效率吗？——罗斯利斯伯格与迪克森　40
　　1939　如何民主管理？——勒温等人　　　　　　　　43

3. 研究领域的扩展：1941—1961　　　　　　　　　46

　　1948　老鼠可以绘制认知地图吗？——托尔曼　　　　48
　　1952　孩子，你在想什么？——皮亚杰　　　　　　　51
　　1953　那是什么声音？——海勒与柏格曼　　　　　　54
　　1956　末日已近？——费斯廷格等人　　　　　　　　57
　　1956　你会向同辈压力屈服吗？——阿希　　　　　　60
　　1959　婴儿如何发展出依恋？——哈洛与齐默尔曼　　64
　　1960　视觉短时记忆有多短？——斯珀林　　　　　　67
　　1961　攻击行为是习得的吗？——班杜拉等人　　　　70
　　1961　要加入我们"帮派"吗？——谢里夫等人　　　73

4. 思维、大脑与他人：1962—1970　　　　　　　　76

　　1963　你何时会停手？——米尔格拉姆　　　　　　　78
　　1963　盲人可以重见光明吗？——格里高利与华莱士　81
　　1965　眼睛真的是心灵的窗户吗？——赫斯　　　　　84
　　1966　医生，你确定吗？——霍夫林等人　　　　　　87
　　1966　你是空间侵略者吗？——费利佩与索默　　　　90

1967	如果大脑被切掉一半会怎样？——加扎尼加与斯佩里	93
1968	旁观者为什么旁观？——达利与拉塔内	96
1968	心想就会事成吗？——罗森塔尔与雅各布森	98
1970	婴儿在"陌生情境"下会怎么做？——爱因斯沃斯与贝尔	101

5. 认知革命：1971—1980　　　　　　　　　　104

1971	好人会变坏吗？——津巴多	106
1971	你能选出最符合逻辑的答案吗？——沃森与夏皮罗	110
1973	专业医生能分辨出"真假精神病"吗？——罗森汉恩	113
1973	奖励真的有效吗？——列波尔等人	116
1974	你的记忆有多准确？——洛夫特斯	119
1974	怎么做出艰难的决定？——特沃斯基与卡内曼	122
1974	你会因为恐惧而爱上一个人？——达顿与阿伦	125
1975	狗会抑郁吗？——米勒与塞利格曼	128
1976	你能用眼睛听吗？——麦格克与麦克唐纳	131
1978	失去一半世界是怎样的感觉？——爱德华多·比夏克	134

6. 意识之内：1981—　　　　　　　　　　136

1983	自由意志真的自由吗？——李贝特等人	138
1984	"熟"真的能生"巧"吗？——贝里与布罗德本特	142
1985	自闭儿童眼中的世界是怎样的？——巴伦-科恩等人	145
1988	祈祷可以治愈病痛吗？——伯德	148
1993	你脸盲吗？——麦克尼尔与沃灵顿	151
1994	超感知觉真的存在吗？——本姆与汉诺顿	154
1995	为什么你总是找不出不同之处？——西蒙斯与莱文	157
1998	这只假手是你的吗？——科斯坦蒂尼与哈格德	160
2000	为什么我们无法挠自己的痒痒？——布莱克莫尔	163
2001	你能品尝出数字7吗？——拉马钱德兰与哈伯德	166
2007	如何能神游太虚之境？——伦根哈格等人	169

索引	172
词汇表	174
致谢	175

引言

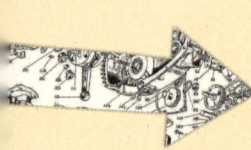

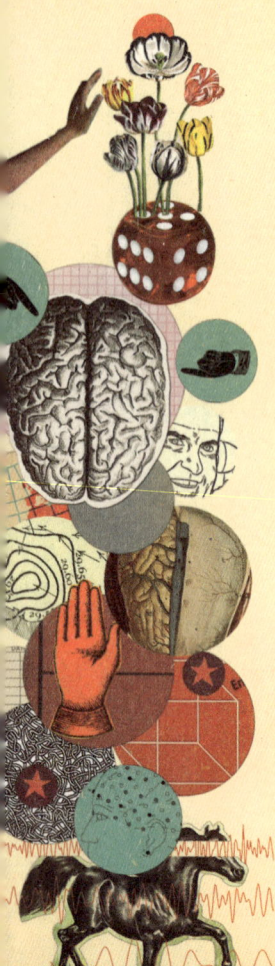

人类的思想有可能了解其自身吗？也许可以，但却面临着重重困难，这也解释了为何心理学姗姗来迟。化学家和物理学家（也被称为"自然哲学家"）已经出现了几百年，然而第一个自称"心理学家"的人出现的时间距今还不到 150 年。

当然，人们很早之前就思考过思想和行为这两个概念，古希腊人柏拉图和亚里士多德写下过"心灵"（psyche）一词，这也成为了"心理学"（psychology）的由来。这个词最初的意思指生命或呼吸，后指精神或灵魂（Psyche 是希腊和罗马神话中代表灵魂的女神）。如今，我们用"心理"来指代人类思维的各个方面。

那么，思维是什么样子的？它是如何工作的？我们有可能理解它吗？在 16 世纪，法国哲学家勒内·笛卡儿[1]认为身体和大脑只是机器，我们需要思维来思考、感受和做出决定。这个理论被称为笛卡儿二元论，它几乎渗透到心理学的所有方面。即使是非常幼小的孩子，我们也能感觉得到他们在思考，感觉到有一个"自我"存在于他们身体内部。但是，我们对这个世界了解得越多，就越能发现二元论的不合理之处，心理学从最初就一直在努力解决这个问题。

第一个自称为心理学家的人是威廉·冯特[2]，1879 年，他在德国莱比锡创立了第一个心理学研究实验室，因此被称为实验心理学之父（实验心理学侧重于通过实验来收集

---

1 勒内·笛卡儿（René Descartes，1596 年 3 月 31 日 — 1650 年 2 月 11 日），法国著名哲学家、物理学家、数学家、神学家，对现代数学的发展做出了重要的贡献，二元论的代表，曾有名言"我思故我在"（或翻译为"思考是唯一确定的存在"）。

2 威廉·冯特（Wilhelm Wundt，1832 年 8 月 16 日 — 1920 年 8 月 31 日），德国生理学家、心理学家、哲学家、实验心理学之父。

6

经验数据,而不依赖于理论)。伟大的《生理心理学原理》是这个学科的第一本教科书,由威廉·詹姆斯所著,出版于 1890 年。著名的自然学家达尔文并不认为自己是一个心理学家,但他对"智力"着迷,并对小小的蚯蚓做了为期 40 年的研究。而在世纪之交,爱德华·桑代克研究出了动物能够在多大程度上进行学习和推理。

20 世纪初,"行为主义"崭露头角,它力求使用严格的实验方法,只探索可观察到的事件,并且抵制主观或不可观测的猜想。事后看来,这段时期中出现了许多违背伦理的情况,并且当年的一些实验至今仍存在极大争议。尽管如此,行为主义仍然做出了诸多贡献,也大大扩展了心理学的研究领域,如伊万·巴甫洛夫和他发现的经典条件反射。

"二战"后,让·皮亚杰对儿童的认知发展进行了突破性的研究,利昂·费斯廷格提出了认知失调的概念。20 世纪 60 年代,斯坦利·米尔格拉姆的服从实验受到全世界的关注。20 世纪 70 年代,唐纳德·G. 达顿和阿瑟·阿伦提出了性吸引力和恐惧之间具有联系的假设。心理科学逐渐发展壮大,开始影响我们日常生活的方方面面。

上述及其他更多的经典实验将在接下来的内容中一一展示,我们将一同走进心理学的历史,并踏上深入了解自己的旅程。

1. 开端：1848—1919

在 19 世纪以前，几乎从未有人设想过心理学这一概念，但达尔文的开创性探索使人们开始对动物行为及其可能为人类带来的启示感到好奇。在威廉·詹姆斯的《心理学原理》（1890 年）出版之后，这种好奇心开始蓬勃发展，并扩展成一门全新的科学。

在接下来的几十年里，爱德华·桑代克探究了动物是否具有学习的能力，伊万·巴甫洛夫因论证了反射性反应可以被训练和操控而被授予诺贝尔奖。这些经典的实验研究为心理学在感知、行为和思维领域的兴起铺平了道路。

1881

研究人员：
查尔斯·达尔文

研究领域：
动物行为

实验结论：
蚯蚓具备初级智力

蚯蚓有智力吗？

达尔文对蚯蚓智力的深入研究

蚯蚓既没有耳朵也没有眼睛，它们是如何在环境中行动的呢？是通过学习还是通过本能？

查尔斯·达尔文是一名卓越的博物学家。从小藤壶到巨型陆龟，他的研究涵盖了各种各样的动物。1837年，在韦奇伍德舅舅的鼓励下，达尔文开始了对蚯蚓的观察。在这之后，他又在位于肯特郡家中的花园里继续对蚯蚓进行了长达40年的研究。

1881年，达尔文在生前的最后一部作品《腐殖土的形成与蚯蚓的作用，以及对蚯蚓习性的观察》中详细描述了自己的发现。这部作品被他称为"无足轻重的小书"，但出版后的几个星期里就售出了几千本。

蚯蚓将土壤带到地表，掩埋了其他东西，这就是为什么石头会陷进地里。达尔文对这一过程着迷。为此，他在花园里放置了一块"蚯蚓石"（这块石头直到现在仍在那里）。达尔文曾乘火车前往英国的巨石阵，并绘制了简略的示意图。他的示意图显示，巨石阵中的一些大石块已经陷入地里4~10英寸（10.16~25.4厘米）了。

"家庭活动"

-

查尔斯·达尔文是一个顾家的人,他喜欢和孩子一起待在花园里。孩子们是达尔文的研究助手。达尔文让孩子们沿着花坛排成一行,记录他吹哨子时哪些蜜蜂停在哪些花上。这种不寻常的方法帮助达尔文在短时间内收集了大量的数据。

他还招募孩子帮助他进行蚯蚓研究。他在花盆里培养了许多蚯蚓,让孩子们尝试去刺激它们。孩子们试着用灯光照射蚯蚓。因为蚯蚓没有眼睛,在灯光调到非常亮以前,它们并不会产生什么反应。然而,一旦有光照射在身体的后段,蚯蚓便扭动起来。

此外,孩子们还对着蚯蚓吹口哨、喊叫、吹奏低音管、弹钢琴,但它们对此毫无兴趣。相反,如果把蚯蚓放在钢琴上,它们却会在按下琴键的瞬间产生反应——大概是因为虽然它们听不见音符,但它们可以感受到乐器的振动。

本能还是智力?

然而,最让达尔文震撼的是蚯蚓所展现的智慧。它们习惯把树叶从外面拖进洞口:

"蚯蚓把叶子和其他东西拖到洞穴里并不仅仅出于觅食目的,还为了堵塞洞口。 这是蚯蚓最强烈的本能之一……我曾经在一个洞口看到过17个铁线莲叶柄,另一个洞口有10个。 在许多地方可以看到数以百计的这种被塞住的洞穴,特别是在秋季和初冬季节。"

最令他惊讶的是,蚯蚓在拖拽树叶时几乎总是衔住树叶的尖端。蚯蚓并没有眼睛，达尔文很好奇它们究竟是如何找到叶子尖端的。

他推断，如果蚯蚓是完全通过本能或随机行动，它们只会胡乱拖拽叶子。否则，蚯蚓必须使用智力。达尔文从蚯蚓的洞穴中拔出了 227 片枯叶，他发现，其中 181 片叶子（79.7%）是被从尖端拖入洞穴的，20 片从底部拖入，而剩下的 26 片被从中间拖入。

达尔文和儿子弗朗西斯试着把一些叶子的尖端切掉。随后，他们发现蚯蚓会衔住叶柄根部（而不再是叶子的尖端），再把树叶拖进洞。他们还用其他叶子和松针进行了各种实验，并得出一个结论——蚯蚓似乎总是会做出最"省力"的选择。

为了在控制实验中进一步证实他的理论，达尔文将硬纸裁成细长的三角形，使得它们的形状与叶子相似。然后，达尔文用镊子将这些三角形拉进一根细管中。如果镊子夹住的是三角形的顶角，即最小的角，那么纸片被轻松拖进管中，并在细管内卷成规则的锥形；如果镊子夹的是顶角以下的位置，那么纸片很难被拖进去，而且容易在细管内造成不规则的卷曲。

接下来，他们在几十个这样的纸三角上涂了一层油（防止它们在露水中分解），并撒在草坪上。几个晚上后，达尔文观察到有 62% 的纸三角被蚯蚓从顶点拖进洞里；对于较窄的纸三角，比例甚至更高。

达尔文与孩子们重复了数百次实验，得出了一个确切结论：

"通过上述实验中蚯蚓堵塞洞口的方式，我们可以推断出它们具备一定的智力水平。"

12

人能在上下颠倒的世界里生活吗？

大脑如何解释我们所看到的事物

> **1896**
>
> **研究人员：**
> 乔治·斯特拉顿
>
> **研究领域：**
> 知觉
>
> **实验结论：**
> 当我们所"看"到的并不"真实"时，大脑会利用知觉适应使我们继续正常工作

当我们看着某个东西的时候，它的图像是被颠倒着投影到我们的视网膜上的（就像传感器或者相机里的胶卷那样）。19世纪末，主流科学理论认为，如果我们要用正确的方式"看"事物，这个上下颠倒的过程是必需的。然而，美国加利福尼亚州伯克利的一位心理学家乔治·斯特拉顿，质疑了当时的主流观点，并且他还很好奇：如果将一个人的视野上下颠倒，他能否继续生活？于是，他制作了一副"迷你双筒望远镜"。透过这副望远镜，他看到的一切事物都是上下颠倒的，这样，呈现在他视网膜上的图像便是"正"过来的，或者按照他的说法，是"正确"的。

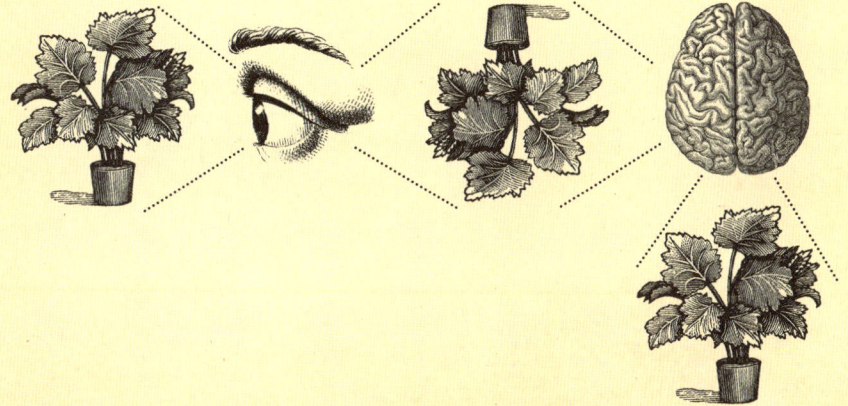

你所看到的物体在视网膜上呈现的是一个"上下颠倒"的像，经过大脑的处理后，你才能感知到"正确"的图像。

13

将世界倒转过来

斯特拉顿将两个屈光度相同的凸透镜放置在小筒中，镜片之间的距离等于它们的焦距之和。通过这个小筒看到的物体都是上下颠倒的。他将两个这样的小筒安装在一起，每个眼睛一个，并将整个装置绑在头上。他小心地规避来自外界的其他光线，并用黑色的布和软垫挡在双筒镜的边缘。他连续 10 个小时戴着这个装置，然后闭着眼睛取下它，随后戴上眼罩，这样一来，他便看不到任何东西。他在完全的黑暗中度过了一夜。

第二天，他重复这一过程，整天戴着双筒镜，并小心地确保任何事物都是透过它看到的。这副双筒镜呈现出清晰的视野，并且佩戴起来十分舒适。起初，他希望能够同时使用双眼，但应对两个独立的图像很难；于是他用黑色的纸盖住左筒的末端，单独使用右眼。

起初，似乎一切都是颠倒的。房间是倒置的；当他的手从下方抬起进入视野时，却从上方出现了。尽管这些图像是清晰的，但它们好像并不真实，不像我们正常看到的那样，而是"错位、虚假或虚幻的图像"。斯特拉顿发现，自己正常视觉的记忆依然是大脑用来理解眼前事物"是否真实"的规范和标准。

记忆或现实

斯特拉顿刚开始尝试戴着装置走动时，频繁地出现失误和摔倒。只有当他的行为有触觉或记忆作为辅助时，他才能够勉强完成行走和手部的运动——"就像一个人在黑暗中行走那样"。

斯特拉顿将问题归结为由经验产生的阻力，他推断，如果一个人的视觉从一开始就是上下颠倒的（或者至少花了相当多的时间用这种方式观察世界），那么这个人就不会觉得这一切是"不正常"的。因此，他又将实验继续了几天，到了第七天时，他宣称与之前相比，现在的他更加适应颠倒的景象。他记录道："现在，我看到的一切感觉无比真实。"

适应视觉景象

尽管当下所身处的颠倒世界"无比真实"，但斯特拉顿仍因为在该环境下动作困难而感到挫败。他已经掌握了如何向"错误的"方向移动，但他仍然发现自己的深度知觉和距离知觉存在误差："我的手经常移动太远或不够远……"当要与朋友握手时，他会把手抬得太高，或者，当需要掸掉纸上的灰尘时，他又发现手移动得不够远。

除此之外，他还观察到，当他看着自己的双手时，手部的运动还不如他闭上眼依靠触觉和记忆引导来得准确。

尽管如此，他还是逐渐适应了上下颠倒着生活，在某天晚上散步时，他开始享受夜景的美丽——这是从实验开始以来的第一次。

斯特拉顿得出了结论：图像以怎样的方式出现在视网膜上并不重要——大脑会将你的视觉与你的触觉和空间意识相匹配，通过所谓的"知觉适应"来应对它。

上下颠倒的图片或许使人十分困惑，但在这张图片里，你依然能分辨出夏日傍晚的落日。

1898

研究人员：
爱德华·桑代克

研究领域：
动物行为

实验结论：
没有证据表明动物可以运用推理或记忆来学习

你家的猫有多聪明？

桑代克的迷笼实验

爱德华·桑代克在 23 岁时撰写了第一篇有关行为学的研究报告，为之后的几代人，特别是斯金纳奠定了基础。实验中，他将一只饥饿的猫放在一个箱子里，然后把食物放在箱子外"可望而不可即"的地方。如果想吃到食物，猫只能通过操作一些机关来打开箱子。桑代克一共制作了 15 个这样的箱子——从箱子 A 到箱子 O。箱子 A 是最简单的，猫仅仅需要按压一个杠杆就能够打开箱子。到了下一个箱子，猫就需要拉动一个绳圈才能打开它，等到了后面更复杂的箱子，猫不仅要按压杠杆，拉绳子，还要拨倒一块木板。

桑代克在几只猫身上做了同样的实验，他将猫一次又一次地放在同一个箱子里，记录它们每次逃出箱子所花费的时间。他在笔记中记录道："猫起初通常是试图从任何缝隙中挤出去，或是试着通过乱抓乱咬逃出去。"除此之外，他还观察到，猫并不怎么在意食物，它们似乎只是"本能地奋力逃出监禁"。

然而，当猫被再次放入同一个箱子里时，它逃跑的效率似乎变得更高——"渐渐地……在经过许多次实验以后，猫一旦被放进箱子，就会立刻目的明确地去按按钮或抓绳子。"在最简单的箱子里，一只猫第一次逃跑花了 160 秒，但经过了 24 次实验之后，它就能在 6 秒内逃脱囚笼。依照实验的次数与所耗的时间，桑代克绘制了相关图表，图表不仅证明了猫的逃脱速度会随着实验次数的增

这只猫逃出牢笼的唯一办法是去拉动位于它头部上方的绳子。

加而加快,而且还表明了机关更复杂的箱子会让猫更加"情绪化",从而找到出路的时间变得更长。

桑代克还发现猫会获得学习经验。从箱子 A 中"抓"到出路的猫,被放入另一个箱子时,会"本能地从一开始就到处抓",并且几乎不再试图从缝隙中挤出去。

猫可以思考吗?

19 世纪许多人认为较高级的动物,比如猫,可以通过联想来学习,因为它们会在日常做出略显聪明的趣事。桑代克对此深表怀疑,他写道:"成百上千只猫在那么多情况下只是无助地嚎叫,然而并没有人在意……但只要有一只猫抓住了门把手,释放出一个要出去的信号,这只猫便立刻在所有书中成了头脑的代表。"

桑代克还探究了猫可否通过模仿来学习,他让一只猫看着另一只猫从箱中逃脱。然而,当第二只猫被放进箱子时,它仍然一次次地尝试和犯错,经历了与第一只猫同样缓慢的学习过程。

桑代克得出结论,没有切实证据表明动物可以通过推理来学习。猫在箱子里的行为与推理差得很远——它"只是疯狂地挣扎想要出去"。即使它这次确实成功地逃了出去,下一次逃脱时,仍然似乎不记得任何技巧,花费大量时间尝试其他方法。此外,一只猫如果学会了通过拉动绳圈来逃脱,即使把绳圈拿走,它也会徒劳地继续在空中抓来抓去。桑代克记录道:"(我)拿着猫的爪子,放在绳圈里,然后拉动绳子,但猫依旧无法学会这个技巧,下一次逃脱时依旧毫无头绪。"

小狗与小鸡的实验

这位年轻的科学家也给小狗和小鸡制作了同样的"迷笼"。小鸡通常只需要踏上一个平台,拉一根绳子,或者啄一个大头钉就能成功逃跑。但在最复杂的实验中,小鸡需要爬上一个螺旋楼梯,奋力钻过洞,然后走过一个水平的梯子,最后跳下架子。与猫一样,小狗和小鸡也可以通过练习进步,但是小鸡的学习速度比猫和小狗都要慢。桑代克在论文中写道:"这一初步研究若能得到后人更为精密、细致的改进,将得到极具价值的结果。"

事实确实如桑代克所言:他的研究为行为主义心理学这一新兴学科奠定了坚实的基础。

巴甫洛夫按铃了吗？

习得反应和经典条件反射

1901

研究人员：
伊万·巴甫洛夫
研究领域：
动物行为学
实验结论：
条件反射可以引起动物对其他中性刺激的强烈反应

19 世纪末到 20 世纪初，俄罗斯生理学家伊万·巴甫洛夫是消化研究领域的先驱，经常以狗作为研究对象。巴甫洛夫注意到，当穿白色衣服的助理还在给动物递送食物时，动物们就已经开始垂涎欲滴。

基于多年的研究经验，巴甫洛夫知道唾液的分泌是食物或异物进入口腔时身体所做出的一种反应（通常是一种无意识的、对外部刺激的即时反应），目的在于消化、稀释或排出异物。

巴甫洛夫将这种反应称为"心灵的分泌"，并记录道："当（食物及其容器）放置于狗的较远处时，类似的分泌会被引发，此时受到影响的只有嗅觉和视觉的感受器官。即便是盛放过食物的碗也能够引发完整的唾液反射。"

不仅如此，巴甫洛夫还观察到，无论助手带不带食物，一旦助手进入房间，狗就会立即开始分泌唾液——"仅仅是看到曾经拿过碗的人，或是听到了他的脚步声，也有可能引发唾液的分泌。"巴甫洛夫认为，狗已经学会将助手或是他的白色外套，与食物的到来联系起来，所以每当狗看到助手，就预先开始分泌唾液。

巴甫洛夫想知道，他可否通过使用与食物没有任何关系的信号使狗分泌唾液。于是，他使用了一个节拍器——在狗的食物要被送进来时，节拍器就会开始嘀嗒作响。果

然，在短短几天后，巴甫洛夫只需要启动节拍器，狗就会分泌唾液，即使随后根本没有食物出现。他详细地描述了其中一个实验：

"只要不施加特别的刺激，唾液腺便保持不活跃状态。但是当节拍器的声音出现在（狗的）耳边，唾液便会在9秒后开始分泌，并在45秒中分泌11滴。因此，唾液腺的活动可以通过声音的刺激发挥作用——这种刺激与食物完全无关……节拍器的声音就是食物的信号，动物对信号所做出的反应和对食物的反应相同；目前并没有观察到动物对节拍器声响与真实食物的反应存在显著差异。"

巴甫洛夫还尝试了其他的刺激：比如电子蜂鸣器的声响、香草醛的气味，可能还有铃声（尽管一名同事声称巴甫洛夫从未使用过电铃）。巴甫洛夫甚至还使用了电击。在每个实验中，潜在刺激必须在食物出现之前几秒钟施加——如果潜在刺激出现在食物之后,哪怕只是晚一秒,刺激都不会引发动物的任何反应。

自然反应和条件反射

巴甫洛夫指出,从每条狗出生开始,食物就会引发唾液反射,这是一个自然的,或者说是无条件的反应。而由节拍器的声响引发的唾液分泌被称为条件反应或条件反射。巴甫洛夫将此与他新安装的电话做了一个比较:

> "我的住所通过一条专用线路与实验室直接相连……或者还有另一种可能,即我的住所通过中央交换机,再连接到实验室。但是,这两种方式所得到的结果是相同的。两者唯一的区别在于,专用线路提供了一条永久易得的电缆,而另一条线路需要先建立起与中央交换机的连接……我们在反射行为中面临的情况与此相似。"

次级条件反射

当狗已经开始对条件刺激做出反应,即可引入次级刺激。因此,节拍器在食物到来之前要反复作响,直到狗在声音的作用下分泌唾液。然后,一个电铃与节拍器一同作响,于是,狗不仅仅分泌唾液,还会将铃声与食物联系在一起。所以,当只有铃声单独响起时,狗也会分泌唾液,即使单独的铃声并不代表会有食物到来。

整个过程被称为"经典条件反射",为后续许多关于行为和学习的研究奠定了基础,其中包括了富有争议的小艾伯特实验。

1910

研究人员：
玛丽·切夫斯·维斯特·派基

研究领域：
认知与感知

实验结论：
在想象时，大脑很难将心理表象与真实感知区分开

你能想象出派基番茄吗？

感觉、记忆与想象的区别

　　1910年左右，美国心理学家玛丽·切夫斯·维斯特·派基进行了一系列巧妙的实验以探索想象的工作机制。首先，她比较了真实图像与心理表象，或者，用她的话说，比较了感知到的图像与想象出的图像。

　　她让被试看着一个小小的磨砂玻璃屏幕，告诉被试注视屏幕中心的白点，并同时想象一个彩色的物体，比如番茄或是香蕉。然后，在被试看不见的地方，一个投影机开始偷偷在屏幕上投射微弱的彩色光斑，光斑十分微弱，以至于几乎无法察觉。同时，投影机和屏幕之间还放置了一个番茄形状的纸板模型。这样，一个非常微弱的红色番茄图像便出现了。

　　一开始，实验人员用薄纱使纸板的边缘变得模糊，所以图像并不清晰，同时模板从一侧缓缓地移动到另一侧，这样它看起来在微微抖动。渐渐地，薄纱被一点点拿开，图像变得更清晰了一些，但仍然非常微弱。这时，被试需要向实验人员报告刚才他在心里想象的是什么。

　　红番茄之后呈现的模型是一本蓝色封面的书，然后是深黄色的香蕉、橙子、绿色的树叶，以及浅黄色的柠檬。

　　这些装置的前期准备较为困难。早期原始的投影机很难用，而且操作投影机和移动模具的两个实验助手必须全程保持安静，同时还要和与被试坐在一起的主试沟通。偶尔也会发生一些小意外，像是挡板掉落，或者是一缕光线照到了屏幕上——那次实验便只好作废。

现实还是想象？

参与实验的 24 名被试的报告都与假设相同，即他们想象出的彩色物体与呈现的纸板模型是一样的。但是，他们全都是等到图像明显到足以被看见（至少对于研究者而言）的时候才报告的。

所有被试都被询问是否"确定想象到了这些东西"。对于这个问题，被试们都很惊讶，甚至有时会感到愤怒，并且十分肯定地认为自己想象出了对应的物品，他们说：

· 我想象出了它，这完全是我的想象。
· 我在脑海中形成了这些图像。
· 香蕉是竖立的，我当时一定认为它正在生长。

派基的实验设置

事实上，一些人在说出香蕉是直立的，而不是像他们起初以为的那样平放着之后表示了惊讶——但这也没有引起他们的疑心。一名研究生甚至提供了额外的"画面"：一颗画在罐头上的番茄，一本可以读出标题的书，一个放在桌子上的柠檬。

这一实验表明人们很难区分感知和想象——即看到的事物与想象出的事物。这一现象被称为派基效应，直到今天依然适用。

想象表象和记忆表象

在派基接下来的一系列实验中，她试图区分想象出的心理表象和被记忆影响的心理表象。她观察到，如果试图创造出一个与自己有关的心理图像，比如她的卧室或她的家，就必须去记忆中搜寻，并且在思考时，她的双眼会像真的在寻找某一对象那样移动。然而，当她想象一些与个人无关的东西时，比如一棵树或一条船，图像由想象力创造，她就不会移动双眼。在执行不同的任务时，她的大脑似乎以不同的方式运作。

现在的心理学家们可以使用激光眼动仪来验证这个理论，但在1910年，激光还未被发明出来，于是派基不得不设计另外的实验来探寻眼球的运动。

坐在黑暗房间中的被试被要求分别想象与个人有关和无关的物体，想象的同时注视着面前墙上的一个亮点。在他们的视野之外还有几个其他的亮点。在426次实验中，212次是记忆表象，其中90%的被试报告看到了额外的亮点，这表明他们一定移动了眼睛。

剩下的214次是想象表象，其中68%的被试没有眼动。这里的眼动似乎是因为图像中有跑着穿过场景的动物，或者由于想象的场景太宽，必须要移动眼球才能看到。偶尔，被试会在心理表象中"看到自己"——"船上有一个人，应该是我自己"。

派基还发现，当表象是从记忆中提取时，声音表象会引起喉部运动，气味表象也会令鼻孔运动。但如果表象是由想象创造的，则不会出现这种情况。

派基写道："记忆的情境是熟悉或再认，有一种内在的愉悦感，而想象的模式是不熟悉或新奇的。"她认为记忆涉及眼动和一些身体运动，而想象需要固定视线，不存在运动。此外，记忆表象是零乱的、模糊的，不会出现残留影像，而想象表象是稳定的、完整的，有时存在残留影像。

2. 行为主义的挑战：1920—1940

在桑代克和巴甫洛夫的研究成果广为人知以后，心理学家对人类和其他动物的行为越来越感兴趣。各种各样卓越的实验塑造了心理学这门科学（尽管其中的一些实验按照如今的标准而言太过残忍，比如约翰·B. 华生[1]用小艾伯特做的经典条件反射实验）。伯尔赫斯·弗雷德里

---

[1] 约翰·B. 华生（英语：John B. Watson，1878年1月9日—1958年9月25日），美国心理学家，通过动物行为研究而创立了心理学行为主义学派，强调心理学是以客观的态度去研究外在可观察的行为。

克·斯金纳[1]或许是所有行为心理学家中最为著名的一位，他设计了巧妙的测试，来观察老鼠与鸽子是如何学习的。在柏林，"格式塔"流派的心理学家们试图理解人类在混乱的世界中获得意义感的能力，在美国，科学家们在工厂中不断寻找提高效率和生产力的新方法。商业心理学也在这一时期诞生了。

---

[1] 伯尔赫斯·弗雷德里克·斯金纳（Burrhus Frederic Skinner，1904年3月20日－1990年8月18日），美国心理学家、行为学家、作家、发明家、社会学者及新行为主义的主要代表。

1920

研究人员：
约翰·B. 华生
罗莎莉·雷纳

研究领域：
行为学

实验结论：
所有个体的行为差异都是来源于不同的条件操控与学习经验

小艾伯特怎么了？

对人类经典条件反射的探究

艾伯特·B，即人们口中的"小艾伯特"，是一个性格温和、快乐、健康的婴儿，他9个月大，重21磅（9.45千克），几乎一生都住在医院里，他的母亲是该院的一位乳母。

1919年，心理学家约翰·华生和他的研究生罗莎莉·雷纳开始着手探究人类是否也会像巴甫洛夫的狗那样，对条件刺激做出反应。华生假设婴儿对大分贝噪声的恐惧就像狗分泌唾液一样，是与生俱来的先天反应。因此，他按照经典条件反射的规律推测，与噪声不相关的其他对象也可以通过某种方式引起婴儿的恐惧。

华生和雷纳选择了小艾伯特作为他们的被试。起初，他们拿给小艾伯特一只活的白鼠，然后又拿来了兔子、狗和猴子，以及其他各种东西。在这个阶段，小艾伯特似乎想要掌控它们，但他没有表现出任何恐惧的情绪，也没有哭。

接下来，华生和雷纳在小艾伯特的脑袋后面用锤子击打钢棒，制造出响亮并吓人的噪声。他们在笔记中记录道：

"婴儿开始激动，一瞬间屏住呼吸，用特别的方式抬起手臂。第二次刺激时，同样的情况发生了，另外婴儿还瘪了瘪嘴，嘴唇微微颤抖。第三次刺激时，婴儿突然爆发大哭。第一次，实验室中的情绪情境让艾伯特感到恐惧并哭出声来。"

经典条件反射

他们接下来探究的是，可否通过在视觉呈现的同时击打钢棒来让小艾伯特对动物，特别是白鼠，形成恐惧的条件反射，以及这种由条件反射建立的恐惧能否转移到其他的动物身上。

建立条件情感反射的过程如下：

1. 实验人员将白鼠从篮子里拿出来后，立即呈现给小艾伯特。他开始用左手触碰白鼠。就在手碰到动物的那一刻，钢棒立刻在他脑后敲响。婴儿猛地跳起来，向前摔倒，脸埋进了床垫里，但他没有哭。

2. 在小艾伯特的右手碰到白鼠的一刻，钢棒再次敲响。他再次跳起来，向前倒下，并开始呜咽。

实验人员重复了三次，即把白鼠拿给艾伯特并敲击钢棒。这时，小艾伯特只看到白鼠也会开始呜咽。然后他们又用白鼠和噪声对小艾伯特进行了两次刺激，最后，"只要白鼠一出现，婴儿就开始哭。他几乎立刻就……开始爬得飞快，以至于在他爬到桌子边缘时我们差点没能拉住他"。就像这样，对噪声的自然反应变成了对白鼠的条件反射。

反应的扩大

几天后，小艾伯特仍然害怕白鼠，但他在其他情况下看起来是愉悦的，脸上也有笑容，基于这一发现，华生和雷纳想知道小艾伯特对白鼠的恐惧是否会转移到其他毛

茸茸的动物身上，于是他们开始将兔子拿给他。小艾伯特尽可能躲得远远的，泪水夺眶而出。看到狗时稍微好一点，但他依然会呜咽，甚至会被棉花团吓到。

研究人员继续用白鼠和狗对小艾伯特进行条件刺激———一旦动物靠近他，实验人员就敲打钢棒。一个月之后，小艾伯特继续对白鼠和兔子表现出痛苦的反应，面对狗时也有不适。

该实验在当时极富争议，并因为结论的有效性和伦理问题遭受了大量批判。毋庸置疑，这样的实验在今天是被禁止的，并且，也有人对小艾伯特母亲当时是否对实验给予正式同意提出了怀疑。在大胆冒险的背后，华生对被质疑的伦理问题记了一小笔："最初尝试时，我们十分犹豫……我们对实验过程负有一定的责任。"但很快，他就从"一旦儿童离开了托儿所的温室回到困苦混乱的家庭环境中，这样的联结一样会出现"的观念中得到了"安慰"。

华生还记录道，他曾经想过做"分离"或脱敏的尝试——即去除条件情绪反射——但在这之前，小艾伯特就被从医院中带走了。

直到最近，人们才开始尝试联系当年的那个小艾伯特，所以我们没有证据可以证明上述条件反射一直在持续（也没有证据证明它仍然存在着）。艾伯特·巴杰曾是可能性最大的一个候选人，然而在他于1987年去世之前，并没有任何人联系到他。

但他的侄女说，他一直都很讨厌狗。

30

你担心未完成的工作吗？

蔡格尼克记忆效应

20世纪20年代，布尔玛·蔡格尼克是一名在柏林实验心理学院工作的立陶宛心理学家。一天，库尔特·勒温教授发现一名服务员可以记住所有尚未支付的账单，但是一旦人们付了款，他就立即忘记了。这一事件引起了蔡格尼克的好奇。

于是，蔡格尼克开始调查。她给164个独立的被试分配了22个简单的任务，比如写下以L开头的城市的名字，制作黏土模型，或用纸板建造纸箱，等等。当被试的任务完成到一半时，蔡格尼克打断了他们。在此之后，她发现被试记住了68%的未完成任务，但只记住了43%的已完成任务。

有一些被试是在一项任务快要完成时被打断，这些人回忆起了90%的未完成任务。相对于已经圆满完成的任务，我们记住未完成的任务的能力要强得多，希望看到任务完成的愿望也更强烈。这种现象被称为"蔡格尼克记忆效应"，存在于我们生活中的诸多领域。例如，有200名学生在考试后发现，相对于正确回答的题，他们更容易记住答不上来的题。

显而易见，我们可以接连几天担心尚未完成的任务，只是因为它尚未完成。这就是为什么电视和广播台的连续剧的制作人常常使每集的结尾留有悬念：它可以让观众在下一集播出之前不停地琢磨那个问题。

蔡格尼克记忆效应可能得出的一个有趣结论是，因

1927

研究人员：
布尔玛·蔡格尼克

研究领域：
认知与记忆

实验结论：
比起已经完成的任务和事件，人们更容易记住（更难忘记）那些还未"结束"的

为无关之事（体育或社交）而中断学习的学生，实际上或许要比那些从未停止学习的学生更好地记住他们的学习任务；也许"只工作不玩耍，聪明小孩也变傻（All work and no play makes Jack a dull boy）"这句话确实是真的。然而，值得一提的是，这一点并不适用于那些根本还没开始学就"自行中断"的学生们。

中断带来的挫败

1992 年的研究表明，中断任务会影响被试对于完成任务所需时间的估计。被试被要求破解 10 个由三个字母组成的字谜：GBU、TEP、ARN、FGO、OLG、UNF、TAS、TOL、EAC、UNP。随后，实验人员要求被试估测完成任务所需的时间。结果表明，被试们估测的时间都不到实际所耗时间的 10%。

接下来，实验人员要求被试破解 20 个三字母字谜：EDB、ANC、YDA、ODR、OTE、UME、ADL、XFO、DLI、XEA、PZI、AEG、ARO、BTI、SYE、NIF、GRA、FTI、DCO、ILE。

任务中途，实验人员要求被试估计任务已经进行了多长时间。被试的估计要比实际时间长 65%。随后，被试们完成了任务，并再次被要求估计下半场所耗的时间。这一次，他们估测的时间只比实际所耗时间高 35%。

第一次估测的时间如此之长大概是因为被试因任务中断而挫败，并体会到失败的感觉，这似乎会让他们感觉自己比实际要慢。

终止任务会有帮助吗？

蔡格尼克认为，依照格式塔理论中"闭合"的概念，"完成任务"对于我们而言是一种自然而然的需求。也就是说，一旦我们开始一项任务就会觉得有必要完成它。完成的任务是一个完整的格式塔，这时我们可以不再思考它。没有按指示完成任务会使我们紧张，这种紧张迫使我们不停地去思考还未完成的任务，直到完成任务这一原始需求得到满足。蔡格尼克写道：

> "压力系统所产生并持续的紧张强度在不同个体之间有显著差异，但对于同一个体而言却几乎保持恒定。个体需求越强烈、满足需求的意念越急迫、能够采用的"简单粗暴"的方法越多，未完成的任务在记忆中占据的比重就越大。"

拿了钱就走人？

然而，密西西比大学在 2006 年的一项研究表明，涉及金钱交易时蔡格尼克记忆效应或将迅速失效。40 名大学生被要求进行一项五分钟的任务，并同时测量"大脑半球的活动"。其中一半的学生在事前被告知可以得到 1.50 美元的奖励；但另一半并不知道奖金这回事。规定时间过去了一半，大学生们被告知"大脑半球活动的记录"已经完成。知道会有奖金的学生里有 42% 的人立即放弃了任务，拿钱走人。然而在不知道有奖金的另一半被试中，只有 14% 的人在任务完成前选择离开。

1932

研究人员:
弗雷德里克·巴特莱特

研究领域:
认知与记忆

实验结论:
记忆不是对静态事实的简单重现,而是一个运用想象和思考的积极过程

你擅长讲故事吗?

长期记忆的准确性

作为对记忆机制长期研究的一部分,剑桥大学第一位实验心理学教授弗雷德里克·巴特莱特测试了人们记忆数字、图像和故事的能力。20世纪20~30年代,他让被试阅读和复述各种短篇小说,他最喜欢的是下面这个加拿大民间故事:

《幽灵之战》

一天晚上,两个来自艾古拉克(Egulac)的年轻人打算沿着河流猎捕海豹。他们到了那里,天空中弥漫着雾气,周遭安静。接着,他们听到了隆隆战吼,心想:"可能是一支军队。"于是他们逃到岸边,躲在一个原木的后面。这时,一群独木舟出现了,他们听到船桨划水的声音,随后一条独木舟来到了他们面前。独木舟上有五个人,他们对这两人说:"我们将沿河而上,同人类开战,打算带你们一起走,怎么样?"其中一个年轻人说:"我没有箭。""独木舟上有箭。"他们回答道。"我不会跟你们走的。我可能会因此而丧命,我的亲人却不知我身处何方。但你,"他转向另一个年轻人说道,"你或许可以跟他们走。"于是,其中一个年轻人跟他们走了,另一个回了家。战士们沿河而上,前往地处卡拉马(Kalama)另一头的一个小镇。人们下到水中作战,许多人丧了命。交战时,年轻人听到一个战士说:"快,我们赶快回家吧,那个印第安人已经

被打中了。"年轻人听闻心想:"哦,天哪,他们是鬼。"年轻人丝毫没感觉到疼,但他们却说他中弹了。于是,独木舟回到了艾古拉克,年轻人上了岸,回到了自己的房子,生了一堆火。他告诉众人:"看哪,我与鬼同行去打仗,许多兄弟被杀了,许多攻击我们的人死了,他们说我被打中了,但我却并没有感觉到什么。"他讲完发生的一切后没有再说话。太阳升起时,他倒下了。黑色的东西从他嘴里冒出来。他的脸变得扭曲。众人被吓得跳起来哭喊。他死了。

不完全的回忆

巴特莱特请第一名被试阅读上述故事,让他凭记忆讲给第二名被试,然后第二名被试凭记忆再讲给第三名被试,以此类推,直到故事被重复七遍。实验的效果类似于儿童游戏"传声筒"——消息从一个人传递到另一个人,并随着人们的传递出现错误或改变。

不出所料,随着讲述和重述,故事出现了变化,失去了细节。被试们都是年轻的英国人,他们不熟悉故事的风格和内容,所以他们犯了很多错误,尤其是坚持缩短故事,删去细节。另一方面,故事变得更加连贯——这被巴特莱特称为"合理化"——它仍然是一个说得通的故事。这个故事变得更加英国风,被试们从自己的文化背景中加入词语和想法。例如,一些被试把"猎捕海豹"记成了"钓鱼",把"独木舟"记成了"小船"。他们也忘记并排除了对他们没有意义的元素。

巴特莱特的另一个实验是要求一名被试阅读故事,重述它,然后在不同的时间段(也许是半个小时、一个星期或三个月)之后再次重述。这种实验取得了类似的结果。

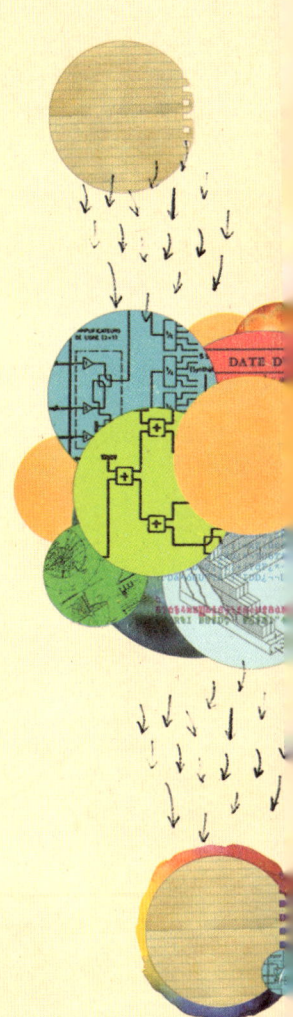

"图式"

巴特莱特认为长期记忆由"图式"组成，每个图式是"一群被组织起来的经验"，或"由过去的反应、过去的经验组成的一个活跃组织"，他认为"过去是有组织的整体，而不是一组各自保留其特定的性质的元素"。

他因此得出结论，所有新的输入信息与图式中的旧信息相互影响，从而形成修正过的图式。他提出，记忆不是从架子上取得静态事实的过程，而是一个积极的能动过程，它与想象和思考没有根本上的不同。因此，提取回忆不是一个复制的过程，而是一个会在新的文化背景中重建的过程，会构建出"被赋予意义的成果"。在记忆类似"幽灵之战"的故事中必然会有错误，因为故事不可避免地要基于被试过去经验中的一般符号被重新诠释。巴特莱特用网球比喻他的新发现。他说，球拍的每次击打都不会产生全新的东西，但也不是过去的简单重复。球拍的击打完全是由当下的活跃视觉和姿态图式以及它们的相互作用制造出来的。

巴特莱特的图式说在当时没有被广泛接受，但最近却受到青睐，特别是在计算机科学家马文·明斯基倡导的人工智能领域。

动物是怎样学习的？

"操作性条件反射"和正强化

1938

研究人员：
伯尔赫斯·弗雷德里克·斯金纳

研究领域：
动物行为学

实验结论：
正强化比惩罚更有效地塑造行为

在桑代克和巴甫洛夫的开创性工作之后，美国心理学家伯尔赫斯·弗雷德里克·斯金纳采取了更科学的方法来研究动物的学习。他认为，试图理解动物想要做什么是没有意义的，他更想看到动物在实验室控制条件下的测试中实际做了什么。

他观察到人类似乎会从行为的后果中学习，会重复能得到奖励的行为，比如在学校努力学习。斯金纳想知道动物是否以相同的方式学习，以及通过研究动物，是否可以揭示人类学习的基本原理。

操作性条件反射

斯金纳把一只老鼠放在一个有杠杆的箱子里，只要按压杠杆就会得到食物。老鼠首先只是在箱子中跑来跑去，一旦它偶然按下杠杆，就会发现有食物到来。这是最直接的正强化。很快，老鼠明白了按下杠杆就能得到食物，它开始每分钟按压五次杠杆。

斯金纳只描绘了他观察到的，却从来没有说老鼠因为想要食物而学会了按杠杆。斯金纳解释说，是行为，而不是老鼠，被积极强化了（有时候这种强化是消极的，比如惩罚）。他将这个过程称为操作性条件反射，因为老鼠不是从任何刺激，而是从自己的行为中学习。斯金纳的"操作性条件反射"与巴甫洛夫和华生的经典条件反射不同，

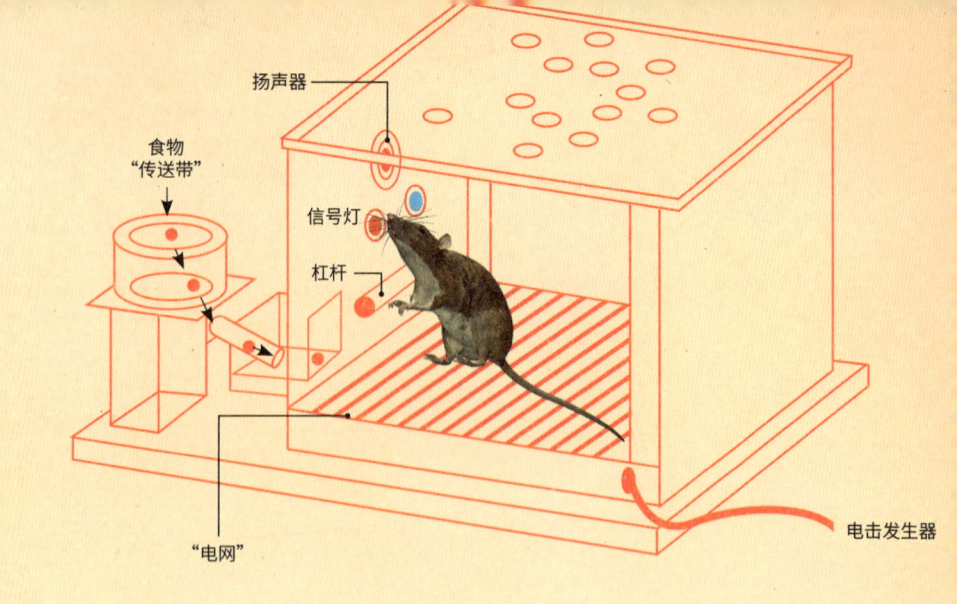

它的操作对象是环境，而不是实验对象的反射行为。

"连锁"

斯金纳箱类似于桑代克的迷笼，但更复杂，并且与自动录像设备相连接。所以他不必拿着记录本坐在那里就能确切地知道老鼠按压杠杆的频率。

在另一个实验箱里，只有杠杆被压下十次后食物才会被分配，但是老鼠很快就学会了这样做，并且之后它们比在"每次都有食物"的箱中更频繁地按压杠杆。

渐渐地，斯金纳使他的箱子更精密，老鼠需要完成更多困难的任务。在某些情况下，他使用厌恶刺激，老鼠在箱子旁边徘徊时，可能会突然被巨大的噪声轰炸，但当它偶然碰到杠杆时，噪声被关闭了。在这样的过程中，老鼠学会了一进箱子就立刻按压杠杆。在另一个箱子里，老鼠学会了灯泡一亮起就去按压杠杆，否则它们随后便会受到电击。

斯金纳发现老鼠可以学习执行一个由简单动作组成的复杂系列，只要它们一次学一个。例如，老鼠可以学习当蜂鸣器响起时转圈，在灯亮起之后按下杠杆，这样食物就会出现。斯金纳称这个过程为"连锁"。

用鸽子代替老鼠

斯金纳用鸽子做了同样的测试，并发现它们可以学会啄在墙上的一个红色斑点来获得食物。事实上，哪怕鸽子并不是每次都能获得食物，而只是有时获得食物，它们也会去啄斑点。斯金纳指出，这就像沉迷老虎机[1]的赌徒。赌徒学会了将硬币放入机器，拉动杠杆，便会偶尔得到奖金，他只是希望奖金足够多，以补偿投入的金钱。

斯金纳发现，像老鼠一样，鸽子可以学习执行复杂的任务，例如转圈，然后啄靶子，只要每个步骤都能得到强化。

正如斯金纳所言："行为的后果决定行为再次发生的可能性。"他坚信，遵行他的法则，便有可能创建一个乌托邦社会——所有行为都是好的，每个人都会是快乐的。在他1948年出版的小说《瓦尔登第二》中，他描绘了一个美妙的社区，人们每天只工作四小时，享受极好的娱乐，对环境负责，并且享有两性之间的完全平等。

---

[1] 老虎机（one-arm bandit）是一种用零钱赌博的机器，因为使用印有老虎图案的筹码而得名。老虎机有三个玻璃框，里面有不同的图案，投币之后拉下拉杆，就会开始转，如果出现特定的图形（比如三个相同）就会吐钱出来，出现相同图形越多奖金则越高。

1939

研究人员：
弗里茨·罗特利斯伯格
威廉·J.迪克森

研究领域：
社会心理学

实验结论：
关注工人的想法和感受可以提升生产效率

心理学能提高生产效率吗？

霍桑效应

伊利诺伊州西塞罗的霍桑工厂是西方电气公司在1905年建立的一个巨大的工厂。1924年，他们的电气供应商声称，更好的照明将提高生产率，霍桑的经理便委托专家进行研究，确认这是否属实。

实验人员来到了工厂，计算了生产率，将劳动力分为实验组和对照组，然后谨慎地增加实验组的光照水平。令研究者惊讶的是，两组的生产率都有所提高。然后，他们使实验组的工作场所逐渐变暗，直到工人们开始抱怨看不到自己在做什么，两个组的生产率同样提升。甚至当他们把光照水平恢复到初始水平时，生产率也会提升。

实验人员产生了兴趣，他们尝试以其他各种方式改变工作环境。

继电器实验室

继电器（电话交换机的开关装置）的装配是持续时间最长的研究——制作继电器需要重复将35个锁钉、弹簧、电枢、绝缘体、线圈和螺钉手动组装在一起。西方电气公司每年生产700万个继电器，单个工人的速度决定了整体生产水平。

实验人员选择了两名女性，邀请她们再选择四个人来组成一个团队，并将她们安排在一个单独的实验室。在这里，一个实验人员与她们讨论变化的情况，有时会采纳她们的建议。

实验人员想知道这些女性在长时间工作中是否会疲劳,并因此减缓工作速度。所以他们建议在白天有两次5分钟的休息,经过讨论,女工选择在上午10点和下午2点休息。她们对休息的机会非常感激,尽管有人认为时间太短。

实验者发现生产率有所提高,随后他们提供了10分钟的休息时间。一些女工人开始担心她们无法补上休息耗去的时间,但实验人员建议她们工作得更快一些,因为她们休息之后就不会那么累。更长的休息时间让女工更加开心,并生产了比以往任何时候都更多的继电器。然而,当实验人员将休息时间改为6分钟后,生产率下降了。

实验人员将工作时间缩短半小时,同时在上午15分钟的休息时间里提供午饭,产量有所增加;他们再次缩短半小时,结果是每小时产量增加,但日产量下降。然后他们把工作时间恢复到原来的时长,产量达到了最高水平,增加了30%。

最后一组实验是给接线车间的14名男性提出了计件工资制度。令人惊讶的结果是生产率没有提高,实验组中的男工人们为自己制定了一个"规范",并继续以同样的速度工作,尽管工作更多可以拿到更多的报酬。

实验人员发现,几乎他们所做的所有事情都带来了生产率的临时增加,除了提供更多的报酬。一种可能的解释是,工人当时认为自己被"特别关照"。让他们选择自己的同事,作为一个团队一起工作,还被特别地放到一个只有他们自己的实验室里,这些行为某种程度上激励了他们。

结论

从实验中可以看出,生产效率取决于工作组中的非正式的互动。此外,这个团体还要有一个关心工人和有同情心的主管来为他们的意见提供反馈。实验中的一个女工人特丽萨·莱曼·扎伊克(Theresa Layman Zajac)后来说:"我没想到会发生这么多事,有这么多人看着我们。"另外一种可能的解释是,工人想要取悦实验人员,这是心理实验中经常会出现的情况。

霍桑工厂的主管乔治·彭诺克说道:

"……这些女孩建立了自信积极友好的关系,这样一来,她们几乎不需要任何监督。无论有没有督促,她们都可以被信赖并做到最好。她们说,与以前的情况相比,她们并没觉得现在工作得更快。她们感觉,产量的增加在某种程度上与更自由、更快乐和更愉快的工作环境有关。"

霍桑工厂中发生的一切证明,如果管理层尊重工人,把工人作为人来对待,而不是作为操作机器的附件来对待,生产率便会提升——关注个体和文化价值观的企业将比那些没这样做的企业成功。20世纪30年代,这样的想法给社会带来了全新的冲击。

如何民主管理?

对领导风格和优秀管理策略的探索

1939

研究人员：
库尔特·勒温
罗纳德·莱皮特
拉尔夫·K.怀特

研究领域：
社会心理学

实验结论：
有效民主需要积极主动的团队管理，而不是无限的个人自由

心理学家的先驱者库尔特·勒温在1933年逃离纳粹德国并前往美国后写道：

"……刚刚抵达的、来自法西斯欧洲的难民带着绝望与希望、好奇心和怀疑观察着美国。人们为民主而奋斗，为民主而死。它究竟是我们最宝贵的财产，还是一个愚弄人们的词语？"

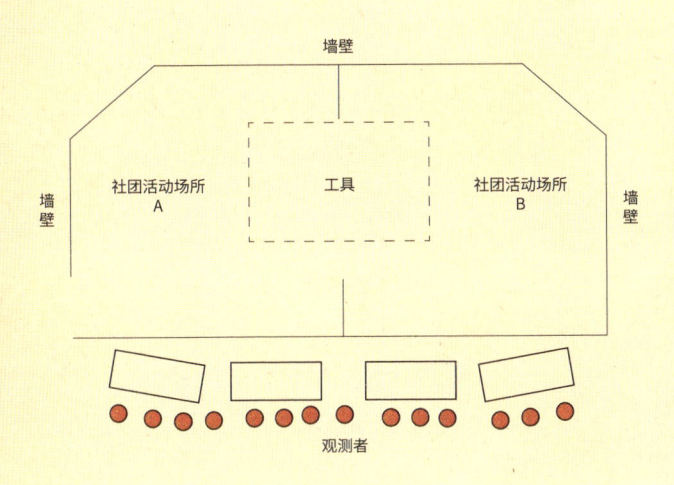

勒温想知道真正的民主究竟为何，以及如何组织它。于是，他建立了一个"实验室"。实际上，这个"实验室"更像是一个孩童的小窝：阁楼上的空间，可以坐的木箱，四周包围着的各种"垃圾"——主要是建筑设备——被粗麻布围起来。它拥挤、无纪律、非结构化，但充满乐趣——

与一个干净的教室正好相反。

勒温招募了一群 10~11 岁的孩子，并将他们分为四个社团，每个社团每周都要举行一次例会。在一位成年领袖（实验人员之一）的帮助下，孩子们被要求制作戏剧面具，为实验室制造家具和粉刷标志，切割肥皂和木头，并建造飞机模型。换句话说，他们的社团也是他们的车间。

勒温试图通过使用不同风格的领导，形成不同类型的社会气氛——儿童群体将经历某一种风格的领袖，然后换另一个，如此几个星期。十几个研究人员坐在黑暗的角落，记录孩子们彼此间如何互动，以及和领导人如何互动，勒温秘密地录制整个过程。

三种领导风格

第一个领袖是严格的，他一步一步告诉孩子们该怎么做。孩子们很少知道最终计划是什么。他告诉每个孩子应该做哪些任务，以及他们应该在哪里工作——大多时候在地板的中央。他总是站在同一个地方，穿着西装，打着领带，并处于团体之外。

第二个领袖建立了"民主氛围"，在实验过程中，整个社团提前讨论了所要做的项目，并做出了决定。孩子们选择了自己的工作组。当征求他们的建议时，领袖会提出两个或三个选项供他们选择。他完全客观地赞美或批评孩子们的表现。他是团体中的一员：他脱掉夹克，卷起袖子，和孩子们一同在房间中走来走去，尽管他基本起不到什么实际作用。

第三个领袖只是静静地坐着，让孩子们自己

做自己的，几乎不去干涉。这时，无秩序的混乱状态出现了。正如拉尔夫·K.怀特后来所说："小组开始分崩离析。有几个孩子是真正的捣蛋鬼，他们发现了一个很好的捣蛋机会，这对于实现目标根本没有帮助。"

实验结果

第一个政权出现了无尽的麻烦。严格的领导造成极度紧张的气氛，孩子之间爆发了争论和打斗。他们显然不开心，经常因错误而互相指责。一次例会后，他们砸了一直在做的面具。罗纳德·莱皮特指出："他们不能打领袖，但他们可以（打）面具。"

在民主气氛中，孩子们工作起来更快乐、更积极、更没有攻击性。在社团工作时，他们拥有更高的生产力和更丰富的想象力。

在自由放任的社团中，孩子们很少专注于他们的任务，而是在房间里四处闲逛或者捣乱。

因此勒温认为，民主永远不会来自无限的个体自由，它需要强大、主动的团队管理。

结论

勒温的实验表明，民主行为可以在一个小群体中产生，这引发了焦点小组和团体治疗的概念。更重要的是，它表明领导力应该是一种可教授的技能，并不仅仅与魅力或军事实力有关系。

3. 研究领域的扩展：1941—1961

第二次世界大战之后，心理学家们关注的领域有所扩展，研究聚焦的范畴从人类和动物的行为拓宽到包括心灵研究的实践性结果。一系列关于心理学对教育是否有助益的问题涌现出来，于是，研究人员们设计出了各种研究儿童如何思考的方法。科学家们测试了动物是否可以解决问题，并思考了这些答案对人类的互动意义。纯粹的"思

维"不再是唯一重要的议题:情感的和社会的行为成了心理学的相关范畴。在这些情境下,又有一些新的问题涌现:如何追查情绪这种如同母亲对孩子的爱一样基本的东西?我们可以相信两个完全不同或相互矛盾的现实吗?为什么服从对我们如此重要?侵犯是一种天性吗?

1948

研究人员：
爱德华·托尔曼

研究领域：
动物行为学

实验结论：
老鼠具备潜在学习能力，并且可以记住细节，表现出认知行为

老鼠可以绘制认知地图吗？

隐藏的、潜在的或偶然的学习

著名的行为主义学家斯金纳说过，思考动物在想什么或想要什么是没有意义的，你只能去看它们对于刺激是如何反应的。加州大学伯克利分校的教授爱德华·托尔曼对此存疑。他想知道动物到底可以思考多少东西，以及它们存留在记忆里的是什么。

像斯金纳一样，托尔曼和他的学生为老鼠建造了迷宫，但他们设计的是能显示出老鼠的思维——认知行为的特别的迷宫。其中第一个是在水平面上由T字形交叉路口连接的一系列窄通道（平面图示见第50页上方）。

老鼠被分成了三组。每天一次，每只饥饿的老鼠都会被放在迷宫的左下角，并且需要找到通往右上角的路。在途中，它会来到6个T形路口，并且它需要每次都做出正确的选择，所以它有6次犯错误的可能。

第一组中的老鼠总是在迷宫的终点发现食物颗粒。结果是他们每天更快地通过迷宫，到第七天，根本没有错误的转弯，你可以在下一页的图中看到（图表显示每组老鼠所犯错误的平均值）。

延迟奖励

六天以来，第二组的老鼠都没有在终点发现食物，所以，没有激励它们动作快一点的诱因。它们在迷宫中徘徊，每天在转弯处做出各种各样错误的选择，但是在第七

天结束时，它们发现了食物，在随后的日子里，它们都会在终点发现食物。在第八天，它们只错了一次。在第九天，它们直接找到了食物，没有犯错误。第三组在第三天结束时找到食物，在此之后它们可以迅速地找到通往食物的路线。

这里的重点在于，第一组花了七天的时间来探索出直接通往食物的路线。然而，一旦知道了有食物在终点处等着它们，第二组和第三组的老鼠只花了两三天的时间。因此，在它们早些时候的徘徊中，即使并不急着到达终点，它们也一定已经形成了迷宫的"心理地图"（或"认知地图"）。老鼠在先前形成了认知地图的事实并不明显，直到找到食物的那一瞬间，它们的"学习成果"才被揭示。这是隐藏起来的学习，也被称为"潜在学习"或"偶然学习"。

二维地图

托尔曼指出，这种"管状地图"本质上是一维的，

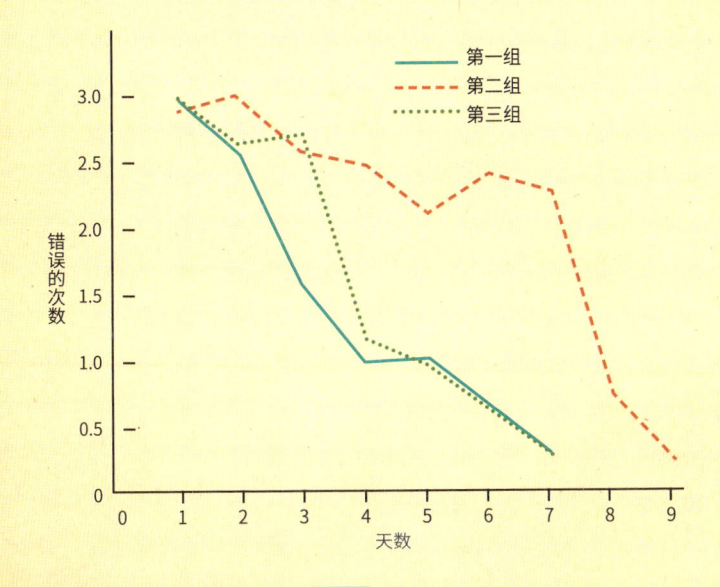

有6个T形交叉路口的迷宫

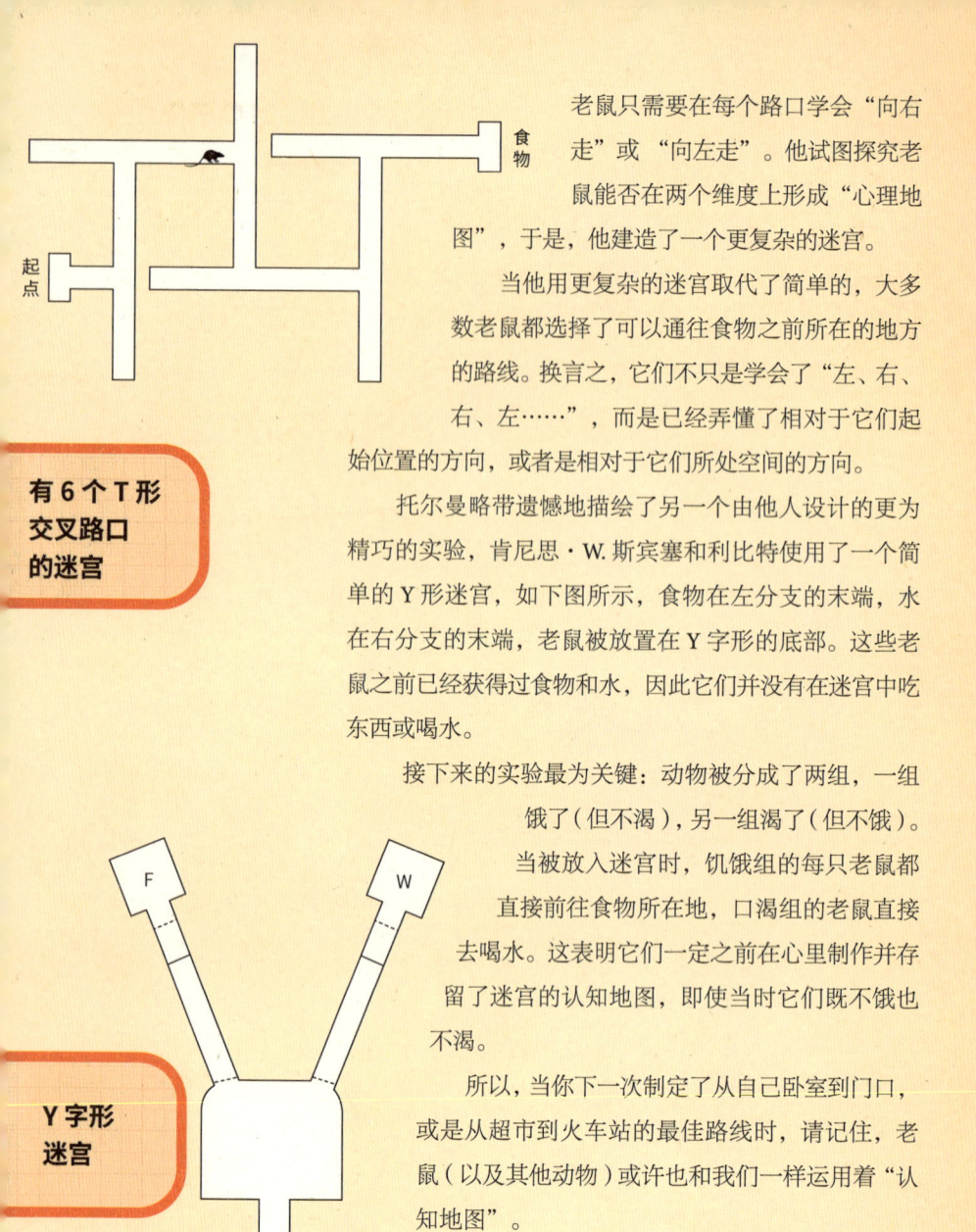

Y字形迷宫

老鼠只需要在每个路口学会"向右走"或"向左走"。他试图探究老鼠能否在两个维度上形成"心理地图",于是,他建造了一个更复杂的迷宫。

当他用更复杂的迷宫取代了简单的,大多数老鼠都选择了可以通往食物之前所在的地方的路线。换言之,它们不只是学会了"左、右、右、左……",而是已经弄懂了相对于它们起始位置的方向,或者是相对于它们所处空间的方向。

托尔曼略带遗憾地描绘了另一个由他人设计的更为精巧的实验,肯尼思·W. 斯宾塞和利比特使用了一个简单的Y形迷宫,如下图所示,食物在左分支的末端,水在右分支的末端,老鼠被放置在Y字形的底部。这些老鼠之前已经获得过食物和水,因此它们并没有在迷宫中吃东西或喝水。

接下来的实验最为关键:动物被分成了两组,一组饿了(但不渴),另一组渴了(但不饿)。当被放入迷宫时,饥饿组的每只老鼠都直接前往食物所在地,口渴组的老鼠直接去喝水。这表明它们一定之前在心里制作并存留了迷宫的认知地图,即使当时它们既不饿也不渴。

所以,当你下一次制定了从自己卧室到门口,或是从超市到火车站的最佳路线时,请记住,老鼠(以及其他动物)或许也和我们一样运用着"认知地图"。

孩子，你在想什么？

皮亚杰的儿童认知理论

1952

研究人员：
让·皮亚杰

研究领域：
发展心理学

实验结论：
孩子们的思维方式不同于成人，并且他们学习能力的发展过程呈现阶段性

大多数人以为孩子们就像大人一样思考，只是不像大人那么善于思考罢了。然而，瑞士的心理学家让·皮亚杰却发现儿童的思维方式与成人完全不同——他们天生就具有一种原始的心理结构，并能通过学习逐步成长。

他通过不断与儿童（包括他自己的孩子）交流来逐渐发展自己的理论，并且通过实验来梳理出儿童对世界的认识。

守恒

皮亚杰发现，年幼的儿童不理解守恒的概念。他给儿童展示两个盛有等量液体的宽玻璃杯。然后他把其中一个宽玻璃杯的液体倒进一个狭长的玻璃杯，于是液体变得更深。结果，二至七岁的孩子都说，现在窄玻璃杯里有更多的液体——几乎无一例外。

当皮亚杰把糖果在桌子上摆成两排，每行数量相等，但一排糖果比较紧密，另外一排的糖果之间距离较远，于

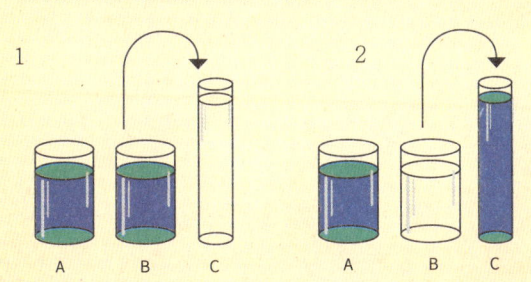

皮亚杰的守恒实验

是，孩子们再次被愚弄了。当皮亚杰问他们哪一排的糖果更多，他记录道：

"年龄处于2岁6个月到3岁2个月的儿童能够正确区分两排对象的相对数量；处于3岁2个月到4岁6个月之间的儿童认为比较长的一排有更多的糖果……年龄大于4岁6个月的儿童，他们又能正确地鉴别两者的区别。"

皮亚杰定义了四个发展阶段：0~2岁是"感知—运动"阶段，2~7岁是"前运算"阶段，等等。在第二阶段的第一部分，从2岁到4岁，孩子们开始能够用符号来表示他们的世界。他们会画出他们的家人，尽管他们的画不成比例，甚至远不像人，但孩子们似乎并不介意。

在第二阶段的后半部分（4至7岁），儿童开始变得充满好奇心，并会提出无数个为什么，其中的一些问题显示出推理的迹象。有些问题根本无法回答的——我的儿子曾经问我："为什么这是一只猫？"我不知道该说些什么。他又接着问道，"如果这不是一只猫，会怎么样呢？"

皮亚杰认为孩子会形成"图式"——即智能行为的组块，或知识的实际单位（参见第36页）。即便小婴儿也会有一些图式，比如吮吸反射的动作图式：他们会吮吸乳头、毯子或手指。随着儿童对世界的探索，这些图式会不断修正和补充，而且，随着儿童发展和成长，他们会发展出更多的图式，包括他们获得的最新信息。当新的信息可以直接进入到已有的图式时，这一过程被称为"同化"；当它无法被纳入已有的图式，那么它会将现有的图式重组或扩大以适应自身。

以自我为中心的观点

皮亚杰推测，小孩子是以自我为中心来看待世界的，这意味着他们无法从别人的角度想象事物的样子。他用一个精妙的实验来展现了这一点，这个实验被称为"三山实验"。

他把三座不同的山的三维模型展示给儿童：其中一座山上有一个十字架，另一座山上有一棵树，还有一座山顶覆盖着白雪。有一只泰迪熊或一个娃娃坐在桌子的另一头。然后，他将一系列照片给孩子们看，并问他们哪一张照片是从娃娃的角度看到的。他们不约而同地选择了从他们自己的角度拍摄的那张照片，而不是娃娃的。

皮亚杰写道：

> "孩子们还不能想象出娃娃从不同角度看到的不一样的场景，孩子们总是认为自己的观点是绝对完全的，从而推己及人，毫不犹豫地认为这也是娃娃看到的。"

这个实验一直受到批评，理由在于儿童或许没能理解实验中所提出的问题，以及类似的但设置较为简单的研究取得了不同的结果。例如，1975 年英国的发展心理学家马丁·休斯给儿童呈现了两面相交的墙的模型，还有两个"警察娃娃"和一个"婴儿娃娃"。他要求孩子们把婴儿藏在两个警察看不到的地方。参加实验的孩子们年龄从 3 岁 6 个月到 5 岁不等，其中 90% 的儿童给出了正确的答案，这证明他们其实能够理解两个警察的视角。

皮亚杰的工作成果极大地影响了发展心理学和教育学这两个领域，他的理论和实验因此得到了密切的关注和频繁的质疑，他的发展阶段理论曾得到诸多次修改。

1953

研究人员:
莫里斯·F. 赫勒
莫·伯格曼

研究领域:
神经心理学

实验结论:
次声频耳鸣可能是在未被发觉的情况下大家都经历过的共同现象

那是什么声音?

耳鸣的普遍性

无休止的嗡嗡声或在耳边响起的铃声使一些人备受折磨,这些杂音影响听力,打断睡眠,让生活变得困苦不堪。这种嗡嗡声或铃响被称为耳鸣,耳鸣所带来的感觉多种多样,可能是轻微的不适,也可能是极大的痛苦。

20世纪50年代之前,人们普遍认为耳鸣有两种类型。一种是振动耳鸣,由物理源造成的真实声音引起,比如肌肉活动;另外一种是非振动耳鸣——听觉神经受到刺激所引发的虚幻的声音,它来自于大脑内部。

医生曾提出过各种可能的治疗耳鸣的方法:用六种不同类型的药物进行治疗、排除所有药品和麻醉剂进行治疗、矫正出现故障的胃肠功能或造血器官、控制饮食平衡、牙齿治疗、耳内用药、心理治疗、使用助听器,等等,更不用说各种各样的手术了。

耳鸣到底是一种疾病还是症状?

一位曾经断言耳鸣总是与耳聋有关的研究者 E.P. 福勒改变了他的观点,他指出耳鸣常常存在于没有明显耳病的人群中。他检查了2000名被试,发现其中86%的人患有耳鸣。

美国的听力专科医生莫里斯·F. 赫勒和莫·伯格曼指出,耳鸣有时会干扰患者的听力,但他们想知道是否真实的情况恰好相反——也许耳鸣的症状在患者听力恶化时变

得更加明显。

患者经常说，如果不是因为他们脑袋里的噪声，他们的听力会更好，脑袋里的噪声越大，耳背越严重。这种情况不一定总是耳鸣的责任，或许随着耳背变得严重，脑中的噪声更难被掩蔽，因此人们主观地感觉到它更响亮了。

响度以分贝（dB）为单位测量。非常大的噪声，如钻头或摩托车，会产生 100 分贝的声响，而正常谈话的声音约为 70 分贝，耳语约 50 分贝。赫勒和伯格曼估测耳鸣的响度只比人类听觉的阈值高出 5~10 分贝——这是人类能够听到的最微弱的声音。

赫勒和伯格曼想知道，既然在完全健康的人中观察到了耳鸣，它是否可能是听力受损的早期症状？他们意识到，他们也许可以通过将健康的人暴露在极度安静的环境来研究次声频的耳鸣（人们不能正常听到的耳鸣）。

隔音室

-

赫勒和伯格曼招募了来自于各种背景（健康的成年人，男性和女性，年龄从 18 岁到 60 岁）的 80 名志愿者作为被试，他们的听力水平正常，并且没有报告自己有耳聋或耳鸣的情况。每个人被分别带入隔音室，房间中的环境噪声在 15~18 分贝之间（他们无法精确测量，因为当时的声级计不够精密，无法检测到所有的噪声）。

被试坐在隔音室内,被要求记录他们听到的任何声音。研究人员也测试了 100 名听障患者,其中的大多数是退伍军人。

实验的结果令人惊讶。在听障患者中,73% 的人报告听到了声音。其他听力无障碍的被试中,94% 的人报告听到了声音。他们一共报告了 39 种不同的声音。大部分人报告听到一个声音,一些人报告听见了两个,一小部分人报告听见了三个、四个或五个声音。

这些结果表明,几乎每个人都有耳鸣,但通常被环境噪声掩盖了。在普通安静的生活环境中,环境噪声通常大于 35 分贝,这足以掩盖耳鸣的声响,于是人们便听不到耳鸣了。

不可治愈的状况

我们可以从赫勒和伯格曼的研究中得出的一个直接结论是,我们不能通过任何治疗方法"治愈"或消除耳鸣,最多只能使它不被听见。然而,这并没有阻止人们提出耳鸣的病因和预防措施。例如,引起耳鸣的一个可能病因是饮用咖啡和茶。

根据这一假设,英国实验心理学家林赛·圣克莱尔在 2010 年招募了 67 名被试,进行了为期 30 天的实验,以验证咖啡因是否对耳鸣有作用。他的研究团队只观察到了严重的咖啡因戒断症状,并没有发现任何可以证明戒除咖啡因可以缓解耳鸣的证据。

末日已近？

认知失调的痛苦

1954 年 8 月，玛丽安·科琪预测，在 12 月 21 日黎明之前，世界将在一场大洪水中毁灭。玛丽安·科琪是一个名为"追寻者"的宗教团体的领袖。她声称自己可以通过"自发书写"的方式接收到信息，即她的手和笔会自己动起来，并且所写下的笔迹与她自己的完全不一样。这些信息中有对其他行星环境的描述，也有关于战争和地球毁灭的警告，以及会为所有真正的信徒们带来极大喜悦的救赎承诺。

她声称自己已经接到来自克拉里翁星的末日消息，并补充说，在大洪水之前，一个飞碟会前来将"追寻者"的信徒们带到安全的地方。

信徒

-

宗教团体中的其他成员——一名外科医生，他的妻子和一些中年学者，辞掉工作、抛下家庭、舍弃钱财，为逃离做好了准备。正如其中一人所言："我抛下了一切，斩断了所有的牵挂和每条回头路。我已经放弃了全世界。我无力承受怀疑的代价。我必须相信。"

利昂·费斯廷格和他的同事在一家地方报纸上看到了这样一则标题——《来自克拉里翁星的预言。呼叫城市：逃离大洪水》——于是，他们决定渗透进这一宗教团队中并跟进他们的行动。作为社会学家，他们想要观察预言失

1956

研究人员：
利昂·费斯廷格
亨利·里肯
斯坦利·斯坎特

研究领域：
认知失调

实验结论：
人们面对两个或更多矛盾的信念时会感到极度的痛苦

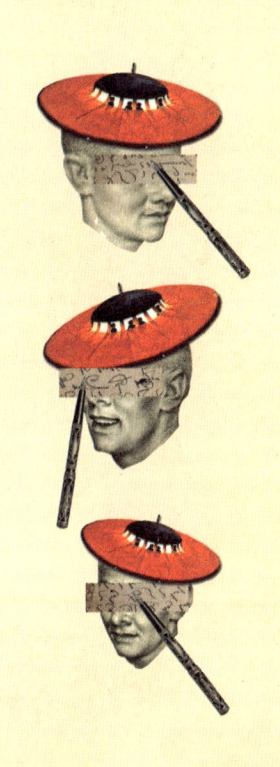

败时人们的心理过程。10月,他们去访问了玛丽安·科琪,并设法加入了这个邪教组织。

有时他们会遇到一些小麻烦。一天晚上,科琪夫人邀请研究员"汉克"主持晚上的例会。他不敢拒绝,怕因此引起怀疑,也怕自己做错事从而把一切搞砸。他同意了,当例会开始时,他举起手说:"让我们冥想吧。"

灾难之日一天天临近,研究人员建议该团体避开宣传,尽量不接受采访,并且只允许真正的信徒进入科琪的家。

准备起飞

12月20日,"追寻者"们期待着外太空的"守护者"在午夜打电话给他们,将他们带到等待着的飞船上。晚上,他们小心地丢掉了所有的金属物体,包括硬币、戒指、纽扣、拉链、皮带扣和胸衣的带子。

到了凌晨,守护者仍然没有到来,可怕的沉默弥漫在众人之间。凌晨4点钟,凯克夫人开始哭泣。

凌晨4点45分,科琪通过"自发书写"接到了另一则消息。消息称,这个宗教团体坐了整整一夜,传播了这么多的光,所以掌管地球的上帝决定将世界从末日之灾中解救出来。

假设你是团体中的一员,你现在会做什么?你会拿回所有的金属物件,静静离开,偷偷回家,并指望你的家人和上司毫不生气地欢迎你回来吗?只有一个成员这样做了,其余的"追寻者"们所做出的举动与之恰恰相反。

解决问题

他们掉转矛头，开始了紧急行动，将消息传达给尽可能多的人。6 点 30 分时，他们已经给报社打了电话，安排采访，试图让全世界都归入他们的宗教体系。

他们还做出了各种其他的预言，并开始发行详细说明预言的小册子。换句话说，此次事件根本没有让他们离开，反而还增加了他们对邪教团体的忠诚度。

费斯廷格说，之所以会变成如此，是因为他们曾经用坚定的确信来坚持自己的信仰，并且采取了不能撤回的重要举动，还得到团队中其他人的支持，然而预言却是错的——他们的信念受到了强烈的冲击。

费斯廷格认为立场的转变源自于两个不兼容信念所造成的精神压力。他称之为"认知失调"。我们总是会遇到这个情况。假设你的朋友鲍勃买了一辆新车，或者一部新的手机。他可能会说这是最好的、最快的、最有效的、最划算的，等等。鲍勃说的也许是真的，但更重要的是，他为此花费了时间和金钱，所以他并不希望你或任何人说那东西是不好的。

在"追寻者"事件中，费斯廷格指出，末日最终没有到来，于是信徒们面临严重的认知失调。信徒们发现，与其承认预言以及自己所坚持的信仰是错误的，修改原始的预言会更容易一些，以及接受附加的信念——实际上是外星人因为他们所付出的努力而拯救了世界。

1956

研究人员：
所罗门·E.阿希

研究领域：
社会心理学

实验结论：
相当多的被试会同意一个群体决定，即使他们认为它是错误的

你会向同辈压力屈服吗？

"从众"实验

你会坚持你所认为正确的理论吗，哪怕许多人说你是错的？

你究竟有多独立？

处于群体中的个体似乎往往会遵从群体的决定——"我们一起去餐馆吧"或"我们都给你唱生日快乐歌"。然而，有时会出现那么一两个"特立独行"的人决定做其他的事。行为主义心理学家所罗门·E.阿希试图测量到底有多少人会被群体里的其他人说服。

实验

在一项心理学的研究中，一名男大学生被邀请加入一组其他学生，他发现其他人正在走廊中等待。大家一起进入了一间教室，这位最新被招募的被试发现自己坐在倒数第二个，这一排除他之外还有六七个人。他不知道其他人都是实验人员安排的"卧底"，这些人要遵循一套严格的规则。这名男生是唯一的局外人——"目标被试"。

一个研究人员进到房间，向大家解释他们要做的是估计线段的相对长度。在每个试次中，他拿出一张画有三条不同长度的黑线的卡片，以及一张画有测试线的独立卡片。测试线的长度与另一张卡片上三条线段中的某条相同。线段的长度范围在1至10英寸（2.5至25厘米）。小组的任务是选出哪条线与测试线长度相同。

下面是最关键的部分：他们需要一个接一个地大声说出他们的选择。目标被试是倒数第二个发言的人，所以在轮到他发言之前他会听到几个其他人的答案。每个实验有 18 个试次，由重复两遍的 9 个试次组成。

所有的实验"卧底"总是给出相同的答案，所以，如果第一个人说答案是 B 线段，其余所有人都会做出一样的回答。对于前两个试次，大家给出的答案是正确的。在第三个试次中，实验"卧底"故意选择错误的答案。于是，目标被试会感到困惑，他不得不做出选择——说出他认为正确的答案，或屈从于大多数人。这是一个艰难的决定，因为他不得不在公共场合说出自己的答案，也就意味着他必须指出其他人都是错的。

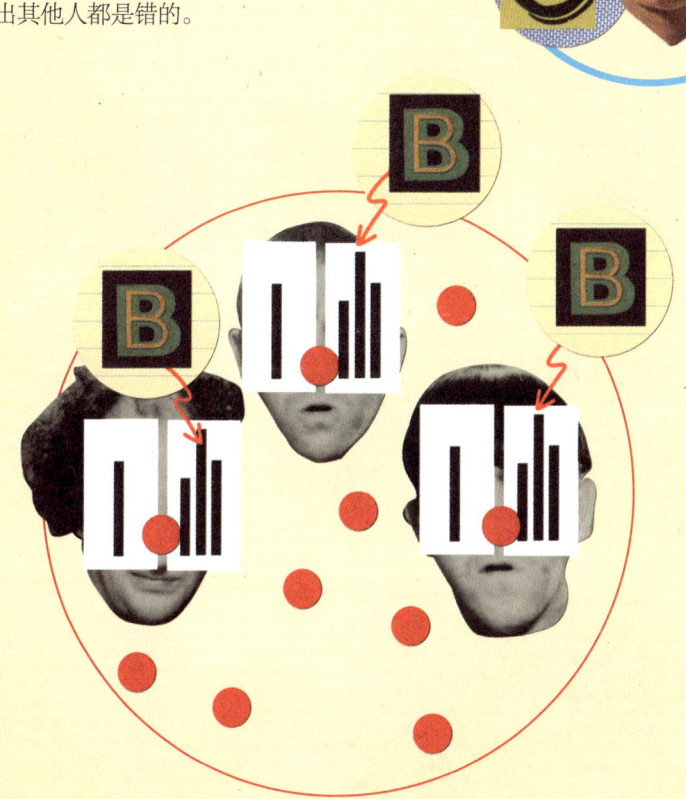

然后，他们继续接下来的试次，在18个试次中有6次，实验"卧底"们给出了正确的答案，在剩下的12个试次中给出了错误的答案。奇怪的是，目标被试通常是在第四个试次和第十个试次中屈服于大多数人并做出错误的回答，而且还都是关于相同的一组线。

为了确保被试能轻而易举地选择出正确线段，阿希进行了一系列的实验：被试独自浏览所有的线段，并写下他的答案。在没有同辈压力的情况下，被试的准确率超过了99%，可见任务并不太难。

阿希重复了几十次实验，总体结果是目标被试在37%的试次中屈服于大多数，给出"错误的"答案。一些目标被试始终保持独立，无视组中的其余人。另一些被试则完全放弃独立思考，每次都随波逐流。有些人选择了中庸，在20%的试次中给出错误的答案，他们的答案没有错得那么离谱，但仍然是错的。

阿希在实验后对他们所有人进行了访谈，发现他们试图解释为什么他们被迷惑：

· 过了一阵我便以为他们是在测量线段的宽度。
· 我以为其中有诈——比如视错觉什么的。
· 最开始我觉得要么是我的问题，要么是其他大多数人的问题。
· 我确定他们是错的，但不确定自己是对的。

群体压力

在每个访谈的最后阶段，阿希向被试揭晓了实验的过程，于是，"受害者"们都松了一口气。有人甚至说："政府的职责是执行多数人的意志，尽管你知道他们是错的。"其他人则高兴地分享了他们的感想：

·要么是其他人都疯了要么是我疯了——我没法确定自己的想法——我当时在想是不是我的判断力确实就像看上去那么差，但同时我又感觉自己的判断是对的。

·我同意他们更多是因为我想要与他们一样，而不是因为我觉得他们是对的。我想，与众人意见相反需要很大的勇气。

·当我不赞成大家时，我感觉自己处于群体之外。

阿希得出了一系列结论。只有两名或三名实验"卧底"时，目标被试"独立"的可能性更大，较少"随波逐流"。来自于多数人的压力并没有随着时间而增长，大部分目标被试的独立程度是保持一致的。所以，同辈压力真的存在，虽然这些实验只是判断线段的长度——我们还需要更多的实验来探究它的作用会有多大。但通常情况下，正如其中一个受害者所言："成为'少数群体'并不容易。"

1959

研究人员：
哈里·F. 哈洛
R.R. 齐默尔曼

研究领域：
发展心理学

实验结论：
证据表明，婴儿对母亲的依恋不仅仅源于喂食

婴儿如何发展出依恋？

与母亲分离、依赖需要和社交剥夺

为什么婴儿会对他们的母亲形成强烈的依恋？这是一个出于本性的自动过程，还是因母亲的喂食而养成的习惯？饱受争议的美国心理学家哈里·F. 哈洛写道：

"心理学家、社会学家和人类学家通常认为，婴儿通过将母亲的面部、躯体和其他身体特征与减轻内部的生理紧张——特别是饥饿和口渴——相结合，来学会'爱'。传统的心理分析倾向于强调附属和吸吮乳房在情感发展中的基础作用。"

换句话说，要么是因为婴儿因需要母乳而去找母亲，并学会将食物与她的脸、气味和感觉联系起来，因此对母亲形成了有条件的依恋；要么无论是否有母乳的供应，婴儿与母亲之间都会形成一个先天与"进化论"有关的联结。哈洛想通过将母亲和婴儿分离来探究哪一种假设是正确的。他意识到自己不可能使用人类婴儿来做实验，便选择了恒河猴作为自己的实验对象，他的研究地点是威斯康星大学灵长类实验室。

他需要找到一种方法将母乳的供应与母亲身体的温暖和柔软分开。他发现，婴儿被从母亲身边带走后，会花一些时间来紧紧贴着自己的尿布，这让他有了灵感。

代母

他从母猴那里取了 8 只幼猴,它们都仅仅出生了 6 到 12 小时。哈洛将每只幼猴放在一个笼子里,每个笼子里有两只替代母猴,替代母猴由坚硬的铁丝网制成,安装了粗糙的头部。其中一个裹在毛巾布里,另一个是裸露的。

在其中四个笼子中,铁丝母猴配备有可以喂奶的奶瓶,毛巾布母猴没有牛奶。剩下的四个笼子里,只有毛巾布母猴有牛奶。

两组猴子喝相同数量的牛奶,并增加了相同的体重,但一项关键的观察是,在所有的 8 个笼子里,幼猴绝大多数的时间都攀在和紧贴在它们的毛巾布母猴身上。

幼猴与这些替代母亲相处了 6 个月。一般来说,那些从钢丝母猴吃奶的幼猴,会在饥饿或口渴时短暂地找钢丝母猴,但大部分时间和毛巾布母猴待在一起,并与它形成了一种强烈和稳定的联结。

事实上,幼猴花了这么多的时间与它们柔软的代母相处,证明了依恋不仅仅与食物相关,还包括一些来自天性的东西。哈洛想知道,毛巾布母猴是否会在幼猴害怕时提供舒适和安全。所以他放置了一个会敲鼓的机械熊,这个玩具可以发出巨大的噪声。

无论提供牛奶的代母是哪个,害怕的幼猴都蜷缩在毛巾布母猴身上。这与真正的母猴养育幼猴时的行为相符。婴儿每天花上很多时间黏着它们的母亲,并且在害怕时奔向母亲,以寻求舒适和安慰。

旷场实验

哈洛把每个幼猴置于有奇怪物体的新环境中。他发现如果幼猴的代母在身旁，幼猴会紧贴着母亲一段时间，然后离开母亲去探索，当它们害怕时会跑回到母亲身边。如果代母不在身旁，幼猴会在一个角落里蜷缩起来，待在那里，吮吸它们的拇指。

被剥夺了情感的人类婴儿在日后形成情感联结时常常会遇到困难。哈洛在幼猴身上也发现了类似的行为。他将四个幼猴从母猴身边带离，将其放置在没有代母的环境里。八个月后，哈洛再把幼猴放入有毛巾布代母和铁丝网代母的笼子中，但它们无法与任何一个代母形成依恋。哈洛总结道，幼猴只有在出生的最初几个月内紧贴着、拥抱着可爱的物体，才能正常地发育，肌肤接触似乎是对压力天生的、自动的反应。

另一方面，幼猴似乎需要的是与社会而不是与母亲的互动。另一组的四个幼猴被独自养大，但它们每天会有20分钟进入一个装有另外三只猴子的笼子中。这些幼猴在长大之后拥有相对正常的情绪和社会行为。

虽然依照推理，哈洛的研究成果可以给人类婴儿的行为带来一些启示（例如，哈洛的研究结果表明，与母亲长时间的身体接触是有益的），但是，该研究也因不必要的残忍而受到广泛批评。用来做实验的幼猴再也没能完全恢复正常；当把它们与被母猴正常养育长大的猴子放在一个笼子里时，"孤儿"会蜷缩在角落里，总有不快的表现。哈洛的实验还给被剥夺了幼崽的母猴造成了很大程度的焦虑，母猴们常常变得神经质，当幼猴被重新带回时，这些母猴甚至会愤怒地攻击它们自己的孩子。

视觉短时记忆有多短？

图形记忆的快速消退

1960

研究人员：
乔治·斯珀林
研究领域：
认知与记忆
实验结论：
人类具有极强的视觉短时记忆

如果你看到一排随机字母，如 N D R K S Q，你能记得多少？如果你看到的是一整个字母网格呢？在新泽西州著名的贝尔实验室工作的美国心理学家乔治·斯珀林想知道在一个简短的曝光中，我们可以看到多少东西，以及记住多长时间。为了探究这一事实，斯珀林设计了一套简单而精密的实验。

如何短暂迅速地呈现图像是实验的难题。斯珀林使用了视速仪，这让他能够用不到一秒钟的时间向被试呈现卡片。

从 22 英寸（55 厘米）远处，研究人员向被试呈现大小为 5 英寸 × 8 英寸（12 厘米 × 20 厘米）的卡片，每张卡片上有半英寸（1 厘米左右）高的字母阵列。视速仪的发光时长通常设置为 50 毫秒（1 秒的 1/20）。实验采用了 500 张不同的卡片，所以没有任何一名被试记住了字母的呈现模式，除了一些特别醒目的，比如 XXX。

一些卡片只有 1 行，其中有 3~7 个字母，要么有间隔，要么连在一起。其余的卡片上有 2 行或 3 行字母，要么有间隔，要么相连。

```
                    K L B J
   R N F B T S      Y N X P
```

实验 1

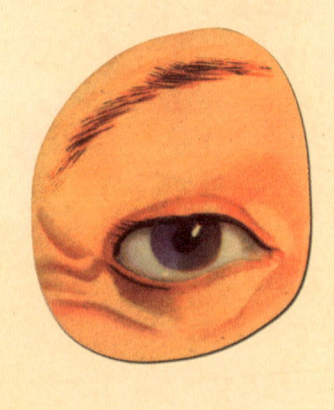

被试看其中的一个阵列 50 毫秒，然后需要在网格上的正确位置上写下对应的字母。他们不确定时可以靠猜测。在每个试次中，受试者以自己选择的速度看 5 到 20 张卡片——通常大约每分钟 3 张或 4 张。

当卡片上只有三个字母时，所有被试的正确率都是 100%。字母变多后，被试们的得分（瞬时记忆广度）出现了变化，但每个被试自身几乎保持恒定——能够记住的字母数量在 3.8 个到 5.2 个之间。平均瞬时记忆广度约为 4.3 个字母。字母的排列方式对记忆广度没有显著影响。

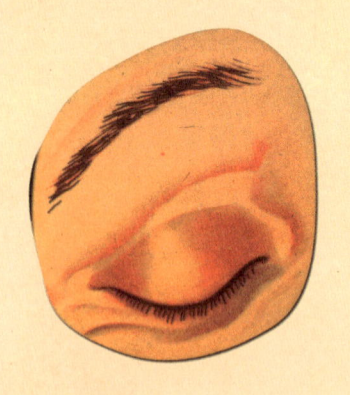

实验 2

斯珀林随后尝试改变视速仪的发光时长，他将卡片的呈现时间设置为从 15ms 到 500ms（毫秒）不等。令人惊讶的是，这个改变对被试的得分并没有显著的影响。

实验 3

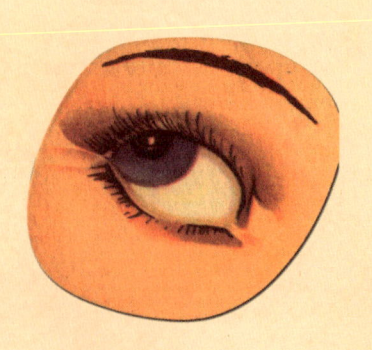

斯珀林发现，受试者经常说自己看到的比之后记住的更多。这意味着实验还需要提出"你看到了什么"这一问题。

于是，斯珀林设计了一个精妙的实验，以确定被试是否真的看到了比他们所说的更多的内容。斯珀林向被试们呈现了比他们能够报告的更多的信息，但只要求他们报告其中的一部分。

这一次，被试会看见两行字母，每行有 3 个或 4 个字母。他们被告知，在光熄灭后，会立即有声音响起，声音将持续半秒钟。如果是低调，他们需要报告下排的字母，如果是高调，他们需要写下上排的字母。在此之后，被试又会看到三行字母，与之对应的是三个音调。

高音 D W R M
中音 S K Z T
低音 Q M C R

被试的均值

结果令人惊讶。被试作答出的正确字母比以前更多，并且他们的准确度随着练习而逐渐增加，当呈现有 12 个字母的卡片时，被试们的平均分达到 76%。换句话说，他们一定"看到"了 12 个字母中的 9 个。

这表明，在卡片被呈现的时候，以及几十分之一秒后，被试记住的可用信息比后来报告的信息要多两到三倍。

右方的图表清晰地呈现了实验的结果。横轴表示卡片中具有的字母数量。最高可能得分是一条对角线。较低的曲线显示了瞬时记忆的广度（实验 1）；较高的曲线显示了实验 3 中被试"看到"的字母数。

图像记忆

在字母卡之后立即呈现一个白卡，被试的表现就变差了许多（说明此时视觉系统已经过载），这支持了字母必须以持续的视觉方式呈现的假设。

换句话说，斯珀林发现了一种快速遗忘的、像照片般的记忆。之前，从来没有人提出过这样的观点。在今天，它被称为"图像记忆"或视觉短时记忆（VSTM）。

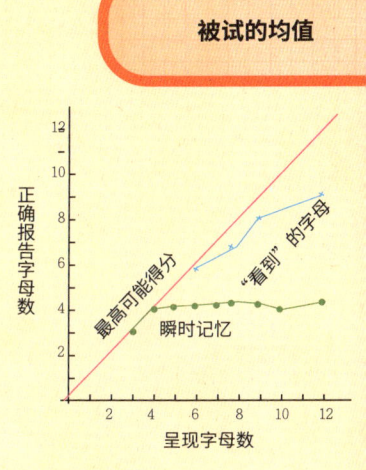

1961

研究人员:
阿尔伯特·班杜拉
D. 罗斯
S.A. 罗斯

研究领域:
发展和社会心理学

实验结论:
目睹过攻击行为的儿童更容易表现出身体攻击行为

攻击行为是习得的吗？

波波玩偶实验

电视和电子游戏中的攻击行为如炮弹般轰炸着儿童。大多数儿童在 10 岁或 11 岁之前会看到数千起谋杀和数十万次暴力行为，而这些行为往往都经过粉饰和渲染。甚至卡通人物也免不了被拍打、揍扁或丢下悬崖的命运。这种毫无节制的暴力是否也会鼓励儿童变得暴力？

这正是阿尔伯特·班杜拉和他的同事想要探究的。于是，他们选取了三组年龄在 3~6 岁的儿童，并让其中一组观看成人榜样角色的攻击行为，一组观看正常行为，剩下的一组为对照组，对照组的儿童只是自己待在房间里，随后，班杜拉与同事们一同观察孩子们会做些什么。

研究人员假设女孩更倾向于模仿女性榜样角色，男孩更倾向于模仿男性榜样角色。他们还假设男孩更具有攻击性，尤其在男孩们看到了一个攻击性的男性榜样角色后。

实验

孩子们被单独带进房间，榜样角色随后被邀请加入。儿童坐在角落里的桌子旁，桌子上有可以用来制作图片的马铃薯印花和贴纸材料。榜样角色走向对面的角落，那里有一套小桌椅、一套万能工匠玩具[1]、一根棒球棍和一个 5 英尺（1.5 米）的波波玩偶——真人大小的充气玩偶，会

---

1 万能工匠玩具（Tinkertoy），一种可以自主拼接的积木益智玩具。

在被推倒时再次弹起来。

在正常的试次里,榜样角色没有表现出特别的攻击性,他们坐在位子上,组装万能工匠,完全忽略波波玩偶。在攻击行为的试次里,榜样角色与万能工匠玩具玩了一分钟,然后在剩下的时间里猛烈地攻击波波玩偶——打它,坐在它上面,用拳头反复击打它的鼻子,把它提起来,并用棒球棍用力地打它的头,然后将它扔向空中,愤怒地把它在房间里到处踢。随后,他们重复这些动作三次,并大声喊着:"打它的鼻子!……把它打倒!……把它扔到空中!……踢他……砰!"

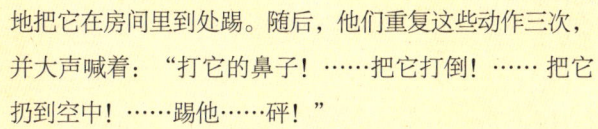

十分钟后,一名女性研究人员返回,把孩子带到另一栋建筑里。在前厅里玩了两分钟后,孩子们一同进入观察室,女研究员在那里等着,但是坐在角落里的办公桌后忙着办公,避免与孩子们有任何互动。

这个实验室里有各种玩具,有蜡笔和纸、球、娃娃、熊、汽车和卡车模型、塑料的农场动物玩具,还有一根棒球棍和一个3英尺(1米)的充气波波玩偶。每个孩子都在这个房间里待了20分钟,评分人员透过单向镜观看他们的行为并打分。

即便是观看了无攻击行为的榜样角色后,男孩也几乎总是比女孩更具有攻击性,特别是对于棒球棍和波波玩偶,但榜样角色的性别似乎没有造成显著差异。对照组中的女孩和男孩没有观看任何榜样角色表现,他们表现出同等程度的攻击性。一个有趣的现象是,相对于那些没有看到任何榜样的孩子们,观看了无攻击行为榜样角色的男孩

和女孩都表现出更少的攻击行为。

然而,观看了攻击行为的孩子们则大有不同。女孩子在看到女性榜样大喊之后,也一起大喊大叫。虽然男孩在看到男性榜样的叫骂之后,发出了更多的喊叫,但女孩的喊叫声被认为更有攻击性。

波波玩偶

奇怪的是,在殴打波波玩偶这件事上,男孩在观看男性榜样后表现出更多的攻击性,女孩同样在观看男性榜样的攻击行为后更有攻击性。

几乎每个分类中观看了攻击行为的孩子都比没有观看的孩子更具有侵略性,这证实了研究人员的假设,即攻击行为是可以习得的。他们总结道,对于男性倾向的行为,比如身体侵犯,男孩和女孩都更倾向于模仿男性榜样,而不是女性榜样。而另一方面,对于言语攻击("把它打倒!……把它扔到空中!……踢他……砰!"),男孩和女孩都更倾向于模仿与自己性别相同的榜样角色。

孩子们对攻击性榜样的评论表现出明显的性别差异:"那个女人是谁?女人不该做出这种事……她表现得像个男人。我从来没有见过一个会这样做的女孩。她当时在出拳和打架。"相反,一个女孩却说:"那个男人是一个强大的战士,他打了一拳又一拳,他可以一下把波波打倒在地上……他是一名优秀的战士,就像爸爸那样。"

上述的实验已经被引用了上千次,但至今仍然存在争议:屏幕中的暴力会让孩子们变得暴力吗?我们依旧不知道答案是什么。

72

要加入我们"帮派"吗？

团队精神和罗伯斯山洞中的"帮派"

1961

研究人员：
穆扎费尔·谢里夫
卡罗琳·W. 谢里夫
O.J. 哈维
B. 杰克·怀特
威廉·R. 胡德

研究领域：
社会心理学 / 冲突理论

实验结论：
冲突源于资源竞争而不是个体差异

到底是什么导致了紧张的局势？每当互为竞争关系的群体争抢稀缺资源时，世界便深受其害。我们可以做些什么来预防这种局面的出现？

社会心理学家穆扎费尔·谢里夫出生于土耳其，并在那里接受教育，他对现实冲突理论很感兴趣。于是，他决定刻意在群体之间引起冲突，然后观察它是如何被解决的。

罗伯斯山洞

-

他邀请了两组 12 岁的男孩参加位于俄克拉何马州的罗伯斯山洞州立公园的夏令营。每一组由 11 个出身于中产阶级的白人男孩组成，他们彼此互不认识，也不了解另一组的具体情况。

在第一周，两个组一同游泳和徒步旅行，并一起进行棒球练习，建立了属于团队的共同文化。一个小组称自己为老鹰队，另一组称自己为响尾蛇队，他们在 T 恤和旗子上印上了队伍的名字。

为有限的资源而竞争

-

接下来，研究人员安排两队进行棒球、拔河、橄榄球、搭建帐篷和寻宝游戏的比赛，并答应他们胜出的一方会有

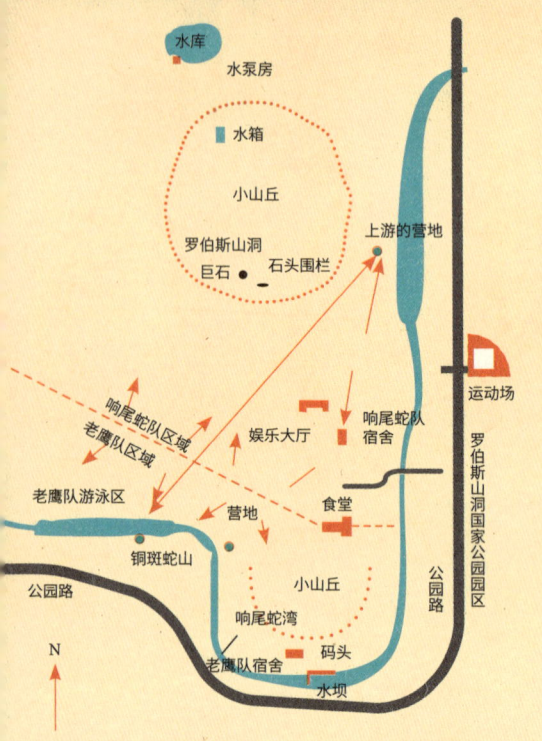

奖励——每个队员都会得到一个团体奖杯、一块奖牌和一把四刃刀——但失败的队将一无所获,研究人员这么做是为了激发他们的挫败感。孩子们刚听到关于比赛的消息时,响尾蛇队坚信自己会赢。

比赛一直是公平的,直到最后一项——寻宝游戏。这个游戏中,研究人员从中操控,使得老鹰队获胜。老鹰队的孩子们"为他们的胜利而欢呼,跳上跳下,互相拥抱,弄出很大的声响来让在场的所有人都知道他们赢了。在另一边,响尾蛇队的孩子们十分沮丧,静静地坐在地上"。

一个小队去野餐,但在路上耽搁了,等他们到了却发现另一队已经吃了他们的食物。

冲突开始加剧。两支队伍互相叫对方的名字,嘲弄对方。老鹰队烧了响尾蛇队的旗子,响尾蛇队洗劫了老鹰队的房间,掀翻他们的床,偷他们的东西。两队都变得十分愤怒,研究人员只能亲自将他们分开。

谢里夫记录道:

> "对另一队伍的贬低态度并非源自于预先的感觉或判断……它不是由种族、宗教、教育或其他的不同背景造成的。被试感知到了因为另一组而产生的竞争和挫败,从而有意识地进入了冲突状态。"

随后,他们花了两天冷静心情,但是谢里夫发现,正如他所料,把小队聚集在一起并不能解决问题,他们不

营地和两队各自活动区域的大致布局

断喊对方队伍的名字,在吃饭时互相投掷食物和餐巾。他认为,化解冲突的最好方法是向群体提出一个大问题,问题要大到无法单独解决——谢里夫将其称为"超常目标"——他们必须因此而合作。

研究人员切断了处于营地上方的水箱的供水,然后宣布大约需要 25 人才能解决这个障碍。两队成员自愿报名参加。到达水箱时,他们十分口渴但没有水喝。在这一阶段,他们开始了合作,共同移除将管道堵塞的障碍物(由研究人员放在那里)。

下一个任务则关于金钱。男孩们被告知他们可以去看电影,但去城市的路费要 15 美元,而营地只能付得起 5 美元。经过多次讨论和投票,两队都同意贡献出自己的钱,最后他们都看得很愉快。

接着,两个队伍的男孩乘坐卡车前往位于锡达湖的营地,在那里,他们被引导着一起工作,拖一辆"卡住"的卡车。之后,两个小队都同意交替着每隔一天为所有人做饭。

最后,他们一起乘坐同一辆巴士回家,在路上的一个休息站,他们甚至同意用其中一队赢得的 5 美元奖金为大家购买饮料。

结论

谢里夫从研究中得出结论:由于被创建的两支队伍大致相同,所以个体差异不足以引发组间的冲突。当男孩们争夺珍贵的奖品时,敌对和侵略的态度出现了,因为他们所竞争的资源只能落到一支队伍手中。

4. 思维、大脑与他人：1962—1970

到了20世纪60年代中期，心理学蒸蒸日上，成了"受人尊敬"的科学领域，全球的大学和高中都开设了相关的课程。心理学家和研究人士不断探索出越来越多的议题，比如旁观者如何应对紧急情况或个人空间的入侵。其中最具影响力的是米尔格拉姆关于顺从和服从权威的研究——它引发了人们对社会心理学和人类的群体行为的兴趣。

此外，一些新技术也在 20 世纪 60 年代出现，如脑电图（EEG）的发明，让人们得以首次窥见活跃状态下的大脑内部。技术在发展，神经科学也开始和心理学结合起来，这为心理学提供了丰富的新研究方向。

1963

研究人员：
斯坦利·米尔格拉姆

研究领域：
社会心理学

实验结论：
部分个体会服从权威人士的命令，做出违背自己良知的行为

你何时会停手？

米尔格拉姆实验

耶鲁心理学教授斯坦利·米尔格拉姆想要探究被试对权威的服从性有多高。他的灵感来自于查尔斯·珀西·斯诺[1]在1961年发表的言论："可怕的罪行更常因为'服从'而犯下，而非'反抗'。""二战"期间，数百万无辜的人在命令之下死于屠杀和集中营的毒气——这是一个让人痛苦的事实。

"老师"和"学生"

米尔格拉姆邀请了40位被试参加一项学习实验，实验在表面上是为了测试惩罚对记忆的效果。每名被试都在耶鲁大学的实验室中见到了另一个人，一名穿着灰色实验外套的冷漠、严肃的研究人员。研究人员向他们解释了实验流程，一开始他们需要从一顶帽子中抽签，以确定哪些人做"老师"，哪些人做"学生"。实际上，抽签是事先操作好的，所有的纸条上都是"老师"，因此被试抽到的永远是"老师"。

随后，"老师"会看到被绑在椅子上的"学生"和贴在学生手腕上的电极片。如果"老师"质疑这一点，研究人员便解释说："虽然电击会造成痛苦，但它不会对人体造成永久性的损害。"

---

1 查尔斯·珀西·斯诺（Charles Percy Snow, 1905年10月15日—1980年7月1日），英国科学家、小说家。

研究人员　老师　学生

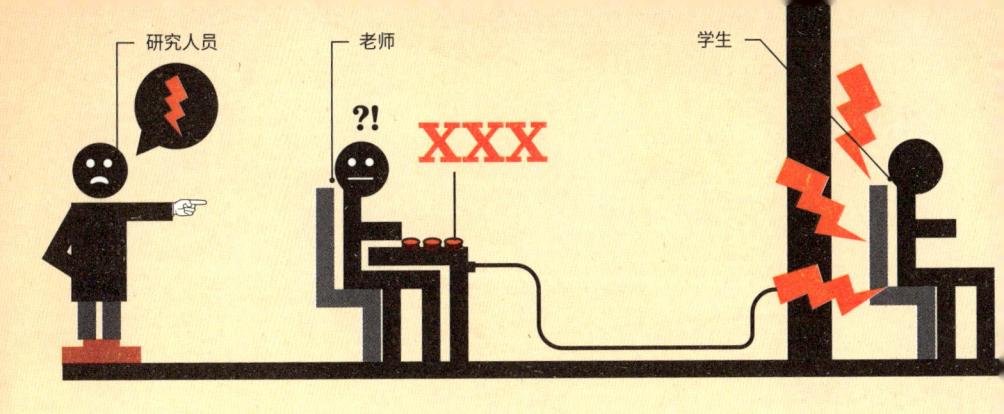

"老师"接着被带到另一个房间,并且只能通过麦克风和耳机与"学生"进行交流。

记忆测试的过程是,"老师"朗读一系列配好对的单词,接着说出某个单词以及四个选项,"学生"必须选择出正确配对的选项。如果"学生"回答正确,"老师"就接着念列表中的下一个单词。如果"学生"回答错误,"老师"便按下开关,对"学生"施加电击。有30个排成一列的开关,"老师"从第一个开始按,"学生"每错一次,便向上移动一个开关。

他们何时会停手?

第一次电击只有15伏特("轻微电击"),但接下来的电压越来越高——30伏特、45伏特、60伏特,一直到420伏特("危险的重度电击")和最高的450伏特(简单地标记为"XXX")。

在实验开始之前,为了令"老师"相信发电机的真实性,研究人员给"老师"施加了一个45伏特的样品电击。

事实上,"学生"是米尔格拉姆的同事——一名训练有素的47岁的会计师——"电击发生器"是假的,他没有受到任何真正的电击。"学生"不停地回答问题,基本都是错误的,电压一直加到300伏特。

这时,"老师"通常会向研究人员寻求指示,研究人员会让他们给出十秒钟的等待时间,然后施加下一次更高的电击。

没过多久,"老师"会再次询问是否应该继续实验。研究人员礼貌但坚定地给予一系列的劝告:

1. 请继续。
2. 实验要求你继续。
3. 你必须要继续。
4. 你没有其他选择,你必须继续。

你认为会有多少"老师"拒绝继续施加虐待?你或许以为大多数人会很快立即拒绝,一组心理学家预测,最糟糕的情况下,将实验进行到底的被试占总体的3%。但事实上,在300伏电压以下,没有一个"老师"停手,并且坚持到最高450伏电压的人数超过了26个。

随着每次实验的进行,所有的"老师"大量地出汗、颤抖、发抖、呻吟,指甲抠进手掌中,其中14个人因过于紧张而突然笑出声。

责任?

上述系列实验的惊人结果发人深省。在21世纪,当年纳粹集中营的许多监狱看守仍旧因战争罪被逮捕和受审,但他们当时是否只是服从命令而已?各国的众多士兵因可怕的暴行被起诉——包括强奸和杀害无辜的平民——他们是否只是服从了来自上级的指令?如果是,这是否可以减轻他们对自己的所作所为负的责任?这个问题至今仍具有高度的争议性。

盲人可以重见光明吗？

50 岁时重获视力的"神奇"盲人

1963

研究人员：
理查德·L. 格里高利
J.G. 华莱士

研究领域：
认知与知觉

实验结论：
感官体验并非简单直接

失明 50 年后重获视力会是怎样的体验？出生于 1906 年的西德尼·布拉德福在接种过天花疫苗后，在 10 个月大时失去了双眼的视力。在英国伯明翰的盲人学校，他的聪明才智逐渐显现，他擅长心算，并学会了通过触摸塑料材质的大写字母来识别它们。他雄心勃勃，精于木工、纺织和修理靴子。他毕业后得到了一个可以在家里修理靴子的工作。

正如理查德·L. 格里高利后来所发现的，"作为盲人，他为自己的独立而骄傲……他搂着朋友的肩膀、骑着自行车进行长途旅行，他热衷于园艺，并且在自己的花棚里制造东西"。

重见光明

为了治愈眼疾，布拉德福在 1958 年 12 月和 1959 年 1 月进行了两场手术。拆掉绷带后，首先映入眼帘的便是外科医生的脸。他听到一个来自前方又转到一边的声音，他将脸转向声音的来源，然后说道："我看到一个凸起伸出来的黑色物体，听到一个声音，于是我摸了摸我的鼻子，猜想那个凸起的东西就是鼻子。然后，我明白了如果这真的是一个鼻子，那么我看到的是一张脸。"

据外科医生说：

"他在手术后立即识别出了面部和普通的物体（即椅子、床、桌子等）。他对此的解释是……对于所有能够触摸的东西，他都有一个准确又精确的心理图像。"

格里高利和华莱士在布拉德福第一次手术后的第七周见到了他。他们记录道："他（布拉德福）甚至可以通过挂在墙上的一个大钟来辨别时间。我们对此感到非常惊讶，以至于我们不相信他在手术前是一个彻底的盲人。接着，他给我们看了一块没有玻璃屏的猎人牌手表，他展现出通过触摸快速又准确辨认时间的能力。"

失败的视错觉

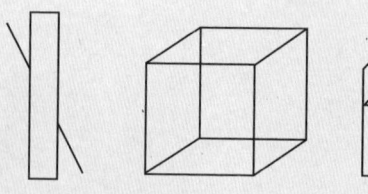

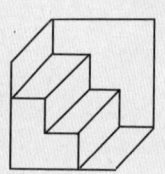

格里高利给他看了一些著名的视错觉图片，包括波根多夫错觉和深度反转错觉：大多数人都会说图片中的对角线不是直的，但是布拉德福轻松地判断出"这是一条线"。

奈克方块和台阶看起来是三维的吗？你能从一个视角转换到另一个视角，从而让它们从里面翻出来吗？你能从台阶底部看到它吗？对于大多数人来说，看着它们的时候，奈克方块和台阶将会"外翻"——台阶可以从顶端或底端被看到，但布拉德福看不出深度，图像也并未扭转。当布拉德福被要求作画时，他起初画得非常慢，并且画得不好，但渐渐地，他的技术有所改善。下一页的三张图是他画的一辆公共汽车，分别是他在手术后的第48天、6个月和一年后所画。

接下来，他学习写大写字母，然后是小写字母，但他不会画公共汽车的引擎盖，因为他从来没有触摸过它。

格里高利和华莱士发现了有趣的一点：布拉德福可以识别出他通过触摸而习得的大写字母，但不能识别出他没有触摸过的小写字母。

在伦敦的科学博物馆，他被莫兹利螺纹车床迷住了。有玻璃外箱的阻挡，他不能"看到"它，但是当罩子被拆除，他便可以触摸到它，"他双目紧闭，激动地用双手在车床上触摸。然后，他站到了后面一点点，睁开眼睛说：'现在我觉得我可以看到了。'他随后正确地命名了许多零件，并解释了它们是如何运作的"。

布拉德福说："我会拿起一个叉子，触摸它，并记起当我失明时叉子的感觉是怎样的，我知道了：'这是一个叉子。'当下一次我看到它时，我就会学着记住它。"

然而手术一年后，布拉德福患上抑郁症，并于1960年8月2日去世。

正如格里高利所言，"虽然视力确实非常重要，但它对于曾经长期失明的人来说也可能是一个潜在的严重伤害"。

1965

研究人员：
埃克哈特·H. 赫斯

研究领域：
实验心理学

实验结论：
对眼睛的研究可以揭露大脑的工作机制

眼睛真的是心灵的窗户吗？

瞳孔大小可以揭示人的喜好或情绪

埃克哈特·H. 赫斯写道："当我们说一个人的眼神柔软、刚硬、冷酷或温暖时，我们在大多数情况下只是在描述瞳孔的大小。"

瞳孔是眼睛中心的小黑洞。它们的大小由自主神经系统控制，并且通常根据光的强度而变化。所以，在黑暗的房间里，瞳孔会扩大——就是变得更大，在太阳光下又会缩成一小点。赫斯希望在志愿者看到或想到一些事物的同时，通过简单地测量瞳孔的扩张，便能够弄清楚与此同时大脑中发生的事情。于是，他设计了一种精妙的技术来记录瞳孔大小。

扩大的瞳孔

赫斯已经证实，在看到有趣或令人兴奋的东西时，大多数人的瞳孔都会扩大。异性恋的男性和女性在看到一个有吸引力的异性时，瞳孔会扩大。同性恋的瞳孔在看到有吸引力的同性时会扩大。妇女的瞳孔在看到婴儿的照片或母亲和婴儿的照片时会放大。

在一个更精细的研究中，他向一组中的 20 名男性展示了同一个女人的两张照片，唯一不同之处是，一张照片中女性的瞳孔是扩大的，另一张中的瞳孔是收缩的。男人们对大瞳孔的照片表现出显著的偏爱，尽管之后大多数人都说这两张照片是相同的，但有一两个人说该女性是更温

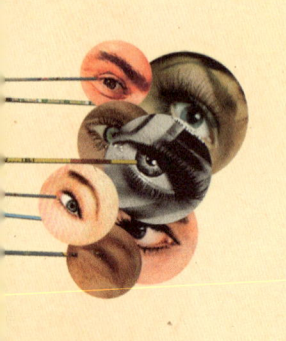

柔的、更漂亮的，以及更加女性化，而"其他"的女人是严厉的、自私的或冷酷的。他们对自己的判断做出"正经"的解释。赫斯得出结论，瞳孔的大小在非语言交流中十分重要。

奇怪的是，人们并没有明确地意识到更大的瞳孔让人们看起来更善良和更快乐。但赫斯的研究却发现，当要求成年人和儿童绘制悲伤和快乐的面部素描时，他们都给快乐的脸画上了更大的瞳孔。

数学问题

赫斯继续研究瞳孔的大小，这次是让被试努力解决数学问题。一般情况下，在思考每个问题时，人们的瞳孔都会逐渐扩大，直到得出答案，瞳孔会在这时突然收缩回正常大小。

赫斯要求志愿者解决一系列难度逐渐增加的乘法：

7×8 9×17 11×21 16×23

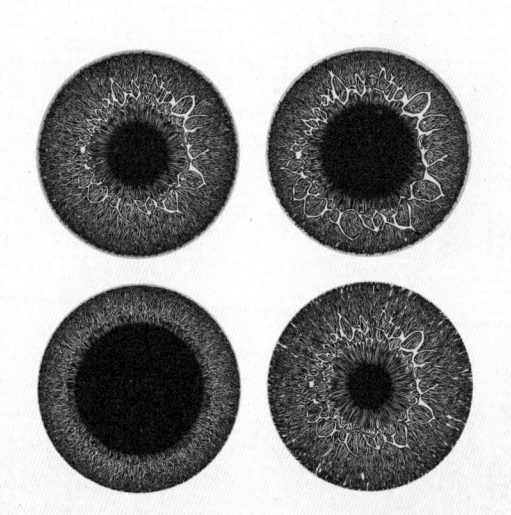

扩大和收缩的瞳孔

当他们在解决最简单的乘法时，瞳孔平均扩大 4%。当他们在做最难的题目时，瞳孔扩大了 30%。在所有情况下，瞳孔都会在之后回到以前的大小。换句话说，瞳孔的扩大程度似乎可以用来衡量有多少认知资源被使用。

后来的研究表明，在类似的任务期间，普通学生瞳孔的扩大量比优等生更多，这表明相对不聪明的人在解决问题时耗费更多的精力。

赫斯还向饥饿的人和吃过饭的人展示食物的照片，饥饿组的瞳孔扩大得更多。在吃过饭的组内，有些人的瞳孔实际上收缩了，因为他们真的不想再吃到更多的食物。

卡内曼[1]和研究生 J. 贝蒂要求被试重复数字序列——如 538293。他们发现，被试在听到每个连续的数字序列时，他们的瞳孔逐步扩大，然后又逐步缩小，直到回到与以前相同的大小。同样的情况出现在被试拨打记忆中的电话号码时，尽管在这个记忆任务中，被试的瞳孔扩大得更多。

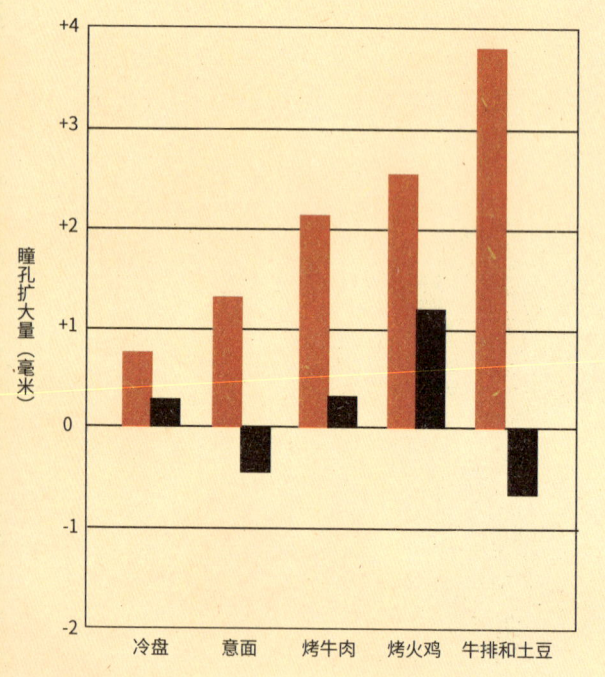

因此，尽管眼睛并不是心灵的窗户，但它们可以告诉我们一些有趣的事情，比如我们的大脑在做些什么。

---

[1] 丹尼尔·卡尼曼（Daniel Kahneman，1934 年 3 月 5 日—），普林斯顿大学教授，2002 年诺贝尔经济学奖获得者。

医生，你确定吗？

霍夫林医院实验

1963 年的米尔格拉姆服从实验提出了许多关于服从权威的问题。几年后，为了进一步探索这一领域，美国的精神病医生查尔斯·K.霍夫林进行了类似的实验。他和他的同事注意到，医生有时会触犯护士的准则，如在没采取必要防护措施的情况下走进隔离病房，或让护士做一些违反专业标准的事情。研究人员想知道这种行为是否会对护士造成影响。如果有医生的指示，护士会在明知道不对的情况下做出危及病人生命的事吗？

他们在一家公立精神病医院的 12 个部门和一家私立精神病医院的 10 个部门进行了实验。他们还采访了一组控制组的护士和一组护理学校的学生，询问他们会在这样的情况下怎么做。

不存在的"阿斯妥芬"

"史密斯医生"（是一个由实验者扮演的角色）从精神病科分别给 22 个夜间值班护士打了电话，询问药库里还有没有阿斯妥芬。阿斯妥芬实际上是假的药——只是无害的葡萄糖片，不会对身体造成任何损害。成包的阿斯妥芬片剂放在药库里。"史密斯医生"接着

1966

研究人员：
查尔斯·K.霍夫林
伊芙琳·布罗茨曼
萨拉·达尔林普
南希·格雷夫斯
切斯特·M.皮尔斯

研究领域：
社会心理学

实验结论：
在权威的命令下，被试会有意违反救人原则

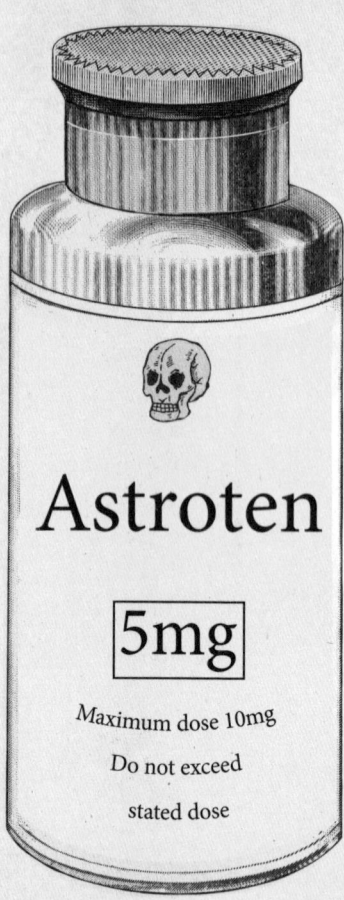

命令护士们给"琼斯先生"服用剂量为 20mg 的阿斯妥芬——他说事态紧急。他说,他迟到了,并会在十分钟后到达医院签署文件。

瓶上的标签写着:阿斯妥芬 5mg,最大剂量为 10mg。请勿超过规定剂量。

于是,护士面临着以下几个问题:20mg 显然是过高的剂量;命令是通过电话传达的,这违反了医院的政策;该药物的使用未经批准;它不在病房的药物清单上并且没有使用许可;最后,并没有一个护士认识这个所谓的"史密斯医生"。

除此之外,那时是午夜;值夜班的护士只身一人,因此无法联系到医院的任何人。

你会怎么做?

假设你是那些护士之一。

在病人可能会有生命危险的情况下,你会怎么做?

在对照组中,12 名护士中有 10 名说他们不会给药,21 名护理学校的学生全都说自己会拒绝。然而,在研究实验中,22 名护士中有 21 名按照医生的指令给病人服药,尽管事实上研究人员和医生把护士拦在了病床边,并向他们说明了情况。

电话里的对话大部分很短,大多数护士没有做出太多的反抗;没有人表现出敌对态度。事后,其中的 16 人认为他们本应做出更多抵抗。

回顾

只有 11 名给药的人承认他们知道规定剂量,其他 10 人没有注意到这点。但他们认为如果医生说没事,那就是安全的。几乎所有的人都承认他们不应该违反医院政策:他们不应该通过电话接收指令,他们应该确认"史密斯医生"是真实的,他们不应该给病人未经批准的药物。

然而,大多数人说,通常的做法是毫无疑问地遵守医生的指示。15 人回忆起类似的事件,并说,医生会对违抗指令的护士发火。

霍夫林和他的同事得出这样的结论:"如果医生下达指令,护士会有意违反医院的规定,并做出危及患者生命的行为。"

史蒂文·兰克和卡德尔·雅各布森在几年后做了一个相似的实验。他们要求护士给一位患者注射未达到致死剂量的过量安定。在这种情况下,护士能够与同事交谈,并且 18 名中的 16 名护士拒绝给药。这一结果主要源于护士对药物的作用较为了解,并且与同事进行了联络,同时,该结果也源于护士挑战医生指令的意愿有所增加,以及护士自尊心的提升和对被起诉的恐惧。

1995 年,艾略特·史密斯和戴安·麦凯的调查显示,美国医院每天的事故率为 12%。许多研究者将这些问题归咎于护士对医生下达的命令毫无犹豫地顺从。

1966

研究人员：
南希·J.费利佩
罗伯特·索默

研究领域：
社会心理学

实验结论：
对个人空间的侵犯具有破坏性的影响

你是空间侵略者吗？

对个人空间的研究

个人空间指你周围对于他人而言非请勿入的区域。20世纪60年代，美国心理学家费利佩和索默花了两年时间，尝试坐得离陌生人很近，以观察他们的被试会在多久后起身离开。

他们最初无法决定在哪里进行实验，但最终选择了门多西诺州立医院，这是一所为精神疾病患者提供治疗的医院。"我们想到在中央公园的长椅上进行空间侵略实验或许会导致肢体冲突或被逮捕……（但是）在精神病院似乎可行，毕竟在这里任何事情都有可能发生。"

拉近距离和私人领地

医院坐落在公园般的环境中，有方便的路径通往户外，因此患者们可以轻松地找到一个安静的空间独自待着。

费利佩和索默在室内和户外都进行了研究，选择了单独坐着、没有做其他事情（如阅读或打牌）的男性作为被试。一名男性研究员坐到被试旁边，一语不发，与对方保持约6英寸（15厘米）的距离。如果被试移动椅子或者往长椅外移动一点，研究员也将移动相同的距离并保持两人之间的狭小空间。

研究人员只是坐在那里并记录下发生了什么。他还记录了坐在远处的其他病人，作为控制组。他们一共尝试侵略了64个病人的空间，每次最多20分钟。通常，病人会立刻从研究人员身边走开，肩膀内扣，并叉起腰，把肘部撑在身体两侧。两分钟内，有 36% 的患者离开，而控制组的所有人都一动没动。在临近 20 分钟时，64% 的患者走开了。他们还发现，相比于什么都不做，记笔记这一行为会更容易让受害者逃离。

有趣的是，某间病房中的五个病人有很强的领地意识，每天都坐在同一张椅子上。其中的两个病人坚决不离开，研究人员说他们坚定得就像"直布罗陀巨岩"[1]。

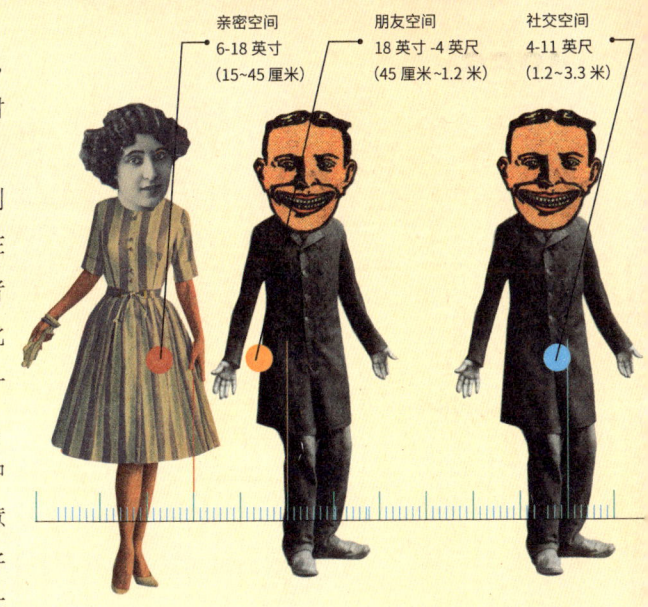

亲密空间
6-18 英寸
(15~45 厘米)

朋友空间
18 英寸 -4 英尺
(45 厘米~1.2 米)

社交空间
4-11 英尺
(1.2~3.3 米)

个人空间

性别的影响

接下来，研究人员决定在大学图书馆的大房间里进行进一步的研究，学生们在这里倾向于尽可能地彼此远离。

这次进行实验的是一名女性研究员，她走进去，故意坐在一个女学生身边，并且完全忽视该名女生。接下来，研究员会悄悄地靠近她，这样一来她们的椅子大约只相隔 3 英寸（7.5 厘米）。然后，她弯下身子看书，在书上做笔记，并试图让她们的肩膀之间保持约 12 英寸（30 厘米）的距离。这很有难度，因为图书馆的椅子很宽，并且学生偶尔会滑到椅子的另一边。

如果学生把椅子移开，研究员便跟随着她以一个角

---

1 位于直布罗陀境内的巨型石灰岩，海格力斯之柱之一，高达 426 米，在古代被认为是世界的尽头。

度向后推椅子，然后假装整理自己的裙子，以便于把椅子再次向前移动。

许多学生会立即搂紧自己的手臂，转过身，把胳膊肘放在桌子上，或者用成堆的书、钱包和外套作为将自己与研究人员隔开的障碍物。

研究人员最多在那里坐30分钟，在这段时间里，70%的受害者已经离开了。只有两名学生与研究员说话，并且只有唯一一名学生要求研究员移开。

研究人员还尝试坐在学生旁边，但保持椅子大约相距15英寸（38厘米），或肩膀之间相距2英尺（60厘米）的正常距离。她还尝试坐在离学生一个或两个位置以外，或坐到桌子的另一边。这些空间侵略都没有什么影响。

结论

费利佩和索默的结论是，从造成不适到引起冲突，对个人空间的侵略具有破坏性的影响。他们还引用了澳大利亚行为科学家格伦·麦克布赖德的结论，他观察到，当强势的鸟群靠近时，其他鸟类会看向别处并移到旁边去，给它们让出额外的空间。

被试反应的强烈程度受许多因素的影响，包括领地意识、侵略者和被试之间的主导—顺从关系，以及"对侵略者性意图的归因"（即便侵略者和被试的性别一直是相同的）。

他们还指出，个人空间的概念具有文化依存性。例如，日本人和来自拉丁国家的人比美国人之间站得更近。

如果大脑被切掉一半会怎样？

意识与功能性大脑半球切除术

1967

研究人员：
迈克尔·S. 加扎尼加
罗杰·W. 斯佩里

研究领域：
认知神经科学

实验结论：
对大脑的分割似乎创造了两个单独的意识

20世纪60年代，一部分严重癫痫患者被施以一种极端手术（半球切除术）进行治疗。在手术中，外科医生将切断胼胝体（连接大脑左半球和右半球的神经纤维），以防止癫痫发作影响大脑双侧半球。

手术后，患者对他们身体左侧的触摸没有反应。当左手中被放入东西时，他们说它不在那里。但令人惊讶的是，他们一般恢复得很好，并能够回归正常的生活。他们的智商水平、语言和解决问题的能力没有太大的变化。

然而，美国心理学家迈克尔·S. 加扎尼加和罗杰·W. 斯佩里设计了一些实验，来证明某些变化真的发生了。

当病人右手拿着东西（例如勺子）时，他可以说出它是什么，并描述它。而当左手拿着时，他不能描述它，但如果给病人一堆类似的东西（如刀、叉等），他能够把它与另一个勺子匹配起来。

手术切断了胼胝体（蓝色区域），大脑的左右两侧被分隔开来。

患者坐在屏幕前面，注视着中心的一个点。这个定位十分关键，因为只要他们没有移动目光，屏幕左侧显示的任何东西都会到达大脑右半球，屏幕右侧的都会到达左

93

左视野

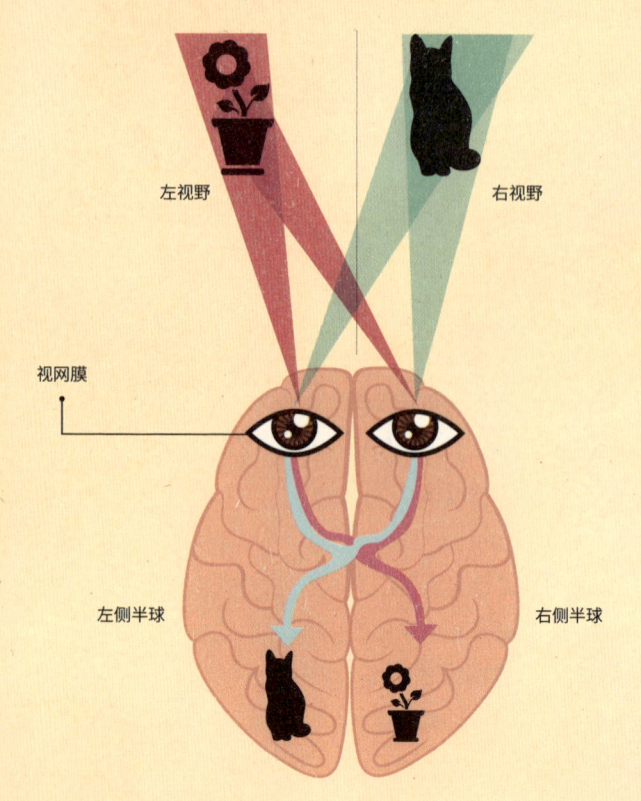

右视野

视网膜

左侧半球

右侧半球

所有来自左视野（并非只是左眼）的视觉信息都会进入大脑的右侧半球，右视野的视觉信息进入大脑的左侧半球。

半球。

当病人将他的视线固定在屏幕的中心，并且光斑在屏幕的两侧闪烁时，病人说，光仅在屏幕的右侧闪烁。这表明病人的大脑右半球是盲的，但奇怪的是，如果让病人用手指出左边的光斑，他是可以做到的。所以，他到底能否看得到光斑？

看起来，大脑的两个半球都可以接收视觉信息，但只有左半球可以用语言报告出来。

只向大脑的一侧发送信息

研究人员仅向一个半球的视野范围内呈现图片或文字，或是将物体放置在患者手中，但处于他的视线之外，这使大部分的信息都输送进相对的大脑半球。当图片或文字或触摸到的物体的信息呈现在左半球时，患者可以正常描述它。然而，当信息到达右半球时，对于从左视野中看到的或在左手中拿着的东西，病人无法做出语言或书面的反应——哪怕是简单的猜测也不行。

当在左侧呈现物体（再一次，如勺子）的图片时，他们能够用左手从隐藏的一组物体中挑出勺子——如果没有勺子，他们会挑出叉子——但他们仍然不能说出它是

94

什么。

"HEART"在屏幕的中心闪烁。当问及他们所看到的情况时，病人回答"ART"，但要求病人用左手指出标记着 HE 和 ART 的卡片时，他们指向了 HE。

交叉暗示

有时研究人员发现从一个半球到另一个半球的"交叉暗示"。当他们向右半球呈现红色或绿色的光斑时，病人只能做出简单的猜测，因为右半球不控制语言。然而，当他答错时，他会皱起眉头，摇摇头，说自己错了，应该是另一种颜色。显然右半球看到了一种颜色，但听到了另一个，因此产生了皱眉和摇头的反应——于是左半球知道它猜错了。右半球不总是次要的。当被要求绘制一个立方体时，患者可以用左手画，但右手却无法做到。由此可见，在这种情况下，大脑右半球在肢体控制方面表现得更好一些。

结论

加扎尼加和斯佩里得出的结论是，双侧半球的分离在一个大脑内创造了两个独立的意识，但即便在今天也没人能确认这一结论的正确性，或是弄清楚这一结论到底意味着什么。

1968

研究人员：
约翰·达利
比布·拉塔内

研究领域：
社会心理学

实验结论：
相对于单独的个体，处于群体中的人面对需要帮助的对象具有更少的责任感

旁观者为什么旁观？

发生危急事件时袖手旁观的个体

1964 年 3 月，一个叫基蒂·吉诺维斯的年轻女子在纽约市街道被刺死。攻击持续了半个多小时。至少 38 个人目睹了事件经过，但没有一个人干预，甚至也没有一个人报警。到底为什么没有人伸出援手呢？

这也许是因为人们的冷漠，觉得多一事不如少一事，或者是对于攻击者的恐惧。一种可能性是，路人看到的只是正在发生的简单事实——他们可能觉得已经有人给警察打过电话了，或者帮助她的人正在前来的路上。

美国社会心理学家约翰·达利和比布·拉塔内对于目击者对这一可怕事件的反应感到好奇，并着手调查是什么因素阻止了人们伸出援手。

癫痫发作实验

达利和拉塔内要求一群大学生被试参与一场关于个人问题的讨论。每名大学生分别加入不同规模的讨论组，并且为了避免尴尬，每名被试将处于通过麦克风和耳机通信的单独房间中。被试不知道他们听到的所有声音都是预录的。一些被试认为他们正在进行一对一的谈话，一些被试则认为自己在与一群人讨论。研究人员告诉被试，在讨

论进行期间，他们会在房间外的走廊里等待。

第一个预先录制的声音会对他的组员坦白说，他很难适应城市生活，他会经常有严重的癫痫发作。其他声音会根据"讨论组"的大小播放出来，被试也会发言。接下来，第一个人再次发言，告诉大家他的癫痫发作了。他的声音变得更大、更不连贯，听起来就像是窒息，紧接着便是如同死亡一般的安静。

几乎所有的被试都相信了这一切。那些认为他们是唯一听到了癫痫发作的人中，100%的人报告了这一情况，85%的人在"患者"停止说话之前就跑到了走廊里。

认为自己处于一个六人组的被试中，只有62%的人报告了这一切。然而，这些学生并不是冷酷或漠然的人——实验假设旁观者会毫无反应——但实际上他们的双手瑟瑟发抖，手掌被汗水浸湿。

"人群中"并不安全

实验组得出结论，相对于单独的个体，处于群体中的人不仅更少对紧急情况做出反应，而且人们的反应是与旁观者人数成反比的。旁观者的数量越大，有人出手帮忙的可能性便越小。

达利和拉塔内认为，当只有一个人目睹紧急情况发生时，只有他是能够提供帮助的人，他背负着必须做点儿什么的压力。当目击者数量增多时，责任压力被分散，个体认为会有其他人采取行动，又或者，他们可能会担心自己的干预会妨碍到专业人士。

1968

研究人员：
罗伯特·罗森塔尔
莉诺·雅克布森

研究领域：
社会心理学

实验结论：
高期待可以带来积极结果

心想就会事成吗？

皮格马利翁效应和神奇的自我实现预言

有许多关于自我实现预言的趣事。例如一群去打保龄球的年轻男人，如果他们"知道"马特在晚上会打得很好，于是马特便真的手气不错。但当他们"知道"杰克会搞砸一切，第二天晚上杰克果然没能做好任何事情。真的有科学依据可以支持这种迷信吗？

1963年，莉诺·雅各布森是旧金山一所小学的校长，在看过罗伯特·罗森塔尔的一篇文章后，她前去拜访了这位哈佛心理学家。他们试图一起探究学业成绩这种重要的东西是否受到教师期望的影响。

教室里

他们前往一所名为橡树学校的公立小学，在这所学校里，教师将每个年级的班分为三个等级：快班、中班和慢班。相对来说，慢班里会有更多男生和墨西哥裔儿童。教师是根据每个孩子的阅读能力和考试分数来分级的。

研究人员选择了350名儿童进行实验，他们将使用的测试题目夸张地称为"天才儿童哈佛测试"，并告诉老师说，这个测试旨在评估儿童的"天才水平"或"学习潜能"。

实际上，该测试是弗拉纳根一般能力测试（TOGA），这一测试可以在语言表达和推理能力的维度上测量智商水平。例如，测试会给儿童呈现西装外套、花、信封、苹果和一杯水的卡片，要求儿童用笔标记出"可以吃的东西"。

选择"潜力儿童"

研究人员没有告诉教师测试结果,而是从慢班、中班和快班中随机选择出五分之一的学生,并告诉每个老师,"哈佛测试"的结果表明这些孩子会在接下来的一年里突飞猛进,超过班上的其他同学。他们还禁止老师向孩子和他们的父母提到这个测试。

结果

一年后,他们给所有的孩子做相同的智商测试。六个年级所有学生的智商水平全部提升了,有超过8分的进步,但是"潜力儿童"的表现远优于同龄人。他们的平均得分为12.2分,比其余学生高出3.8分。影响几乎只局限于一年级和二年级,其中有21%的"潜力儿童"进步了30多个IQ分数点,而"普通儿童"中只有5%的人进步了这么多。

事实上,只有一年级和二年级出现显著结果的原因可能在于教师对较小孩子的影响更大一些。年龄较小的孩子可塑性更高,更有改变的可能,或者是因为他们在学校里还未获得"确定"的评价。

年级	控制组		"潜力儿童"		优势差值
	人数	增长值	人数	增长值	
1	48	+12.0	7	+27.4	+15.4
2	47	+7.0	12	+16.5	+9.5
3	40	+5.0	14	+5.0	0
4	49	+2.2	12	+5.6	+3.4
5	26	+17.5	9	+17.4	-0.1
6	45	+10.7	11	+10.0	-0.7
总数	255	+8.4	65	+12.2	+3.8

快、中、慢班的儿童没有显著差异；在中班和慢班上课的儿童与快班的儿童表现得一样好。女生在推理测试中的表现略优于男生："潜力女生"比普通女生高出 17.9 分，而"潜力男生"表现得要稍差。

结论

罗森塔尔和雅各布森观察到的现象被称为"皮格马利翁效应"。当教师期望某些孩子有更好的发展时，那些孩子便真的会这样表现，这是一个支持"自我实现预言"的证据。

但是为什么会有这样的效果呢？或许是因为教师对"潜力儿童"持有不同的态度，他们或许给予了"潜力儿童"更多的关注，并下意识地做出鼓励学生获取成就的行为。

有趣的是，据称该研究的灵感来自于一匹表演马。在 20 世纪初，一匹被称为"聪明的汉斯"的马因它出色的阅读、拼写和进行简单的心算的能力而闻名。例如，当被要求计算 3 + 4 时，"聪明的汉斯"会用它的蹄点七次地面。

心理学家奥斯卡·芬格斯特对此进行了彻底的调查，并得出结论，动物可能会受到观众潜意识反应的指导。当它得出正确答案时，观众的反应会有所改变，汉斯便知道它点地的次数已经够了。

婴儿在"陌生情境"下会怎么做？

婴儿的分离焦虑

1970

研究人员：
玛丽·D. 索尔特·爱因斯沃斯
西尔维亚·M. 贝尔

研究领域：
发展心理学

实验结论：
婴儿需要母亲来作为探索世界的安全基础

哈里·F. 哈洛饱受争议的实验证明，小猴子会在一个柔软的、母亲般的物体存在的前提下探索周围的环境。一旦没有这样的母亲，它们就变得楚楚可怜并常常退缩。

玛丽·爱因斯沃斯和西尔维亚·M. 贝尔想知道人类婴儿是否会有类似的表现，所以她们在实验室中建立了一个"陌生情境"。实验室的中心有一片大的空间，摆了三把椅子——在房间里最远的那把椅子上放着玩具，另外两把在门附近，分别是母亲和一个女性陌生人的位置。婴儿躺在椅子所围成的三角区中间。然后他们在每个婴儿身上重复了八个实验片段：

第一片段（母亲、婴儿、观察者）
母亲与一名观察者把婴儿带到房间里，然后观察者离开。

第二片段（母亲、婴儿；三分钟）
母亲把婴儿放下，然后静静地坐在她的椅子上，只有当婴儿寻求她的关注时才参与进来。

第三片段（陌生人、母亲、婴儿）
一名陌生人进入房间，静静地坐一分钟，与母亲交谈一分钟，然后逐渐接近婴儿，给他一个玩具。三分钟后，母亲悄悄地离开了房间。

第四片段（陌生人、婴儿；三分钟）

如果婴儿开心地玩耍，陌生人则不参与进来。如果婴儿不活跃，陌生人便试图用玩具逗婴儿。如果婴儿表现出沮丧，陌生人则试图分散婴儿的注意力或安慰他。

第五片段（母亲、婴儿）

母亲进入房间并在门口暂时停留，以给婴儿一个自发的反应机会。陌生人随后悄悄离开。一旦婴儿再次开始玩玩具，母亲便停下来和婴儿说"再见"，然后再次离开。

第六片段（只有婴儿；三分钟）

婴儿被独自留在房间里，如果婴儿表现出极度的消极情绪，该片段提前结束。

第七片段（陌生人、婴儿；三分钟）

陌生人进入房间，和第四片段中做出同样的表现，如果婴儿反应过激则削减该片段。

第八片段（母亲、婴儿）

母亲返回房间，陌生人离开。观察到母婴团聚之后，实验情境终止。

他们对 56 名 11 个月大的婴儿进行了上述实验。研究人员通过单向镜进行观察和记录。

探索行为

研究人员特别感兴趣的是婴儿爬了多少（"运动"），玩了多少玩具（"操控"），花了多少时间看着玩具和房间的四周。

在第三片段期间，当陌生人进入房间时，婴儿所有形式的探索行为都急剧减少。当母亲回来时，这些探索行为看起来又增加了，在第四片段和第七片段中，陌生人没有使婴儿的探索行为有所增加，实际上，在第七片段中，婴儿的探索行为下降到了最低水平。

在第二片段期间，婴儿花了很多时间看着玩具，只是偶尔看母亲一眼，以确保她仍然在那里。然而，在第三片段中，婴儿花了更多的时间去盯着陌生人看。

哭泣、紧贴和抵抗接触

在第二片段中婴儿有轻微的哭泣，这表明陌生情境本身并不太令他们惊恐。第四片段中当母亲离开时，婴儿有一些哭泣，第五片段中较少，在第六和第七片段中哭得更多，并且第七片段的陌生人无法安抚他们。

在第二片段和第三片段中，婴儿只是稍稍贴着母亲，但在第五片段，特别是第八片段，婴儿在与母亲分离又重聚后表现出更多的热情。

结论

婴儿通常依附在自己的母亲身上。在上述实验中，当母亲在房间里时，宝宝会靠近新的东西并进行探索，既不会被奇怪的情况吓到，也没有紧紧贴着母亲。当母亲离开时，婴儿的探索行为减少，并表现出更多的依恋行为，包括哭泣和寻找母亲。

研究人员得出结论："在没有分离的威胁时，婴儿会将母亲视为自己探索行为的安全基础，甚至在陌生情境下也不会表现出任何的惊恐——只要母亲还在身边。"

5. 认知革命：1971—1980

在 1967 年的书中，德国认知心理学家乌瑞克·古斯塔夫·奈瑟尔质疑了行为主义的实验范式，这引发了其他心理学家的思考。

他们开始意识到：如果想要弄清是什么使人们思考，他们必须先弄清头脑中到底发生了什么。所谓的"认知心理学"开始将感知、语言、注意力、记忆以及思维纳入自己的概念中。认知科学正逐渐渗透到心理学的各个领域中，并给心理学传统的研究方法带来新的革命。

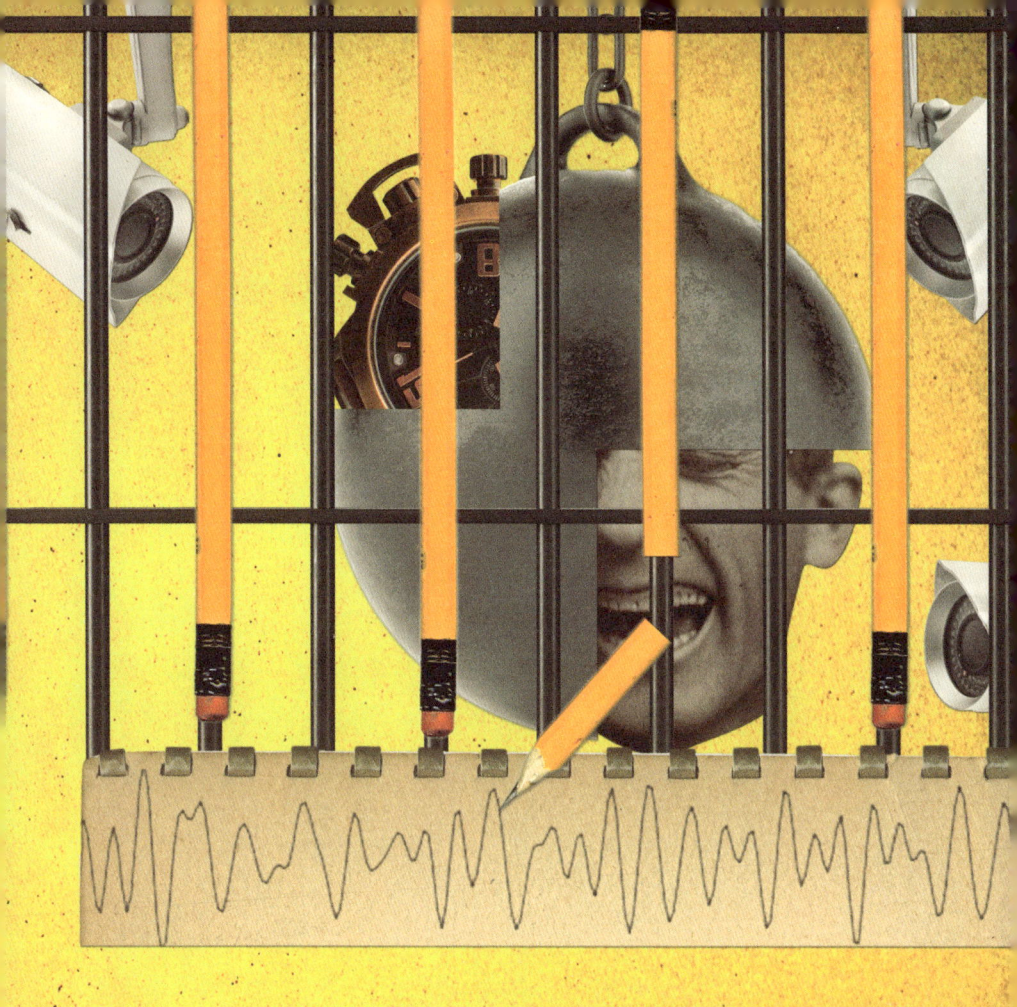

彼得·沃森的纸牌问题帮助我们重新梳理了自己的推理方式；伊丽莎白·洛夫特斯关于错误记忆的工作成果引发了之后几十年对该问题的深入研究；丹尼尔·卡内曼和阿莫斯·特沃斯基则告诉人们为什么我们会做出错误的决定。

1971

研究人员：
菲利普·津巴多

研究领域：
社会心理学

实验结论：
监狱的严酷环境导致了被试的残忍与暴力，而非他们天性如此

好人会变坏吗？

环境对行为的影响和斯坦福监狱实验

菲利普·津巴多是詹姆斯门罗高中的学生，同时也是斯坦利·米尔格拉姆的同事。博士毕业以后，津巴多相继在耶鲁大学、纽约大学和哥伦比亚大学教书，之后成为斯坦福大学的教授，在那里，他进行了一项令他闻名于世的实验。

津巴多对关于监狱中残忍和暴力的报道十分感兴趣，他想要弄清囚犯是否本身就是暴力的，以及监狱看守是否天生是独裁者或虐待狂。又或者，其实是监狱的环境使这些性格特质得到了演变和显现。

建立临时监狱

他在当地的报纸上刊登了一则广告，招募男性志愿者参加有关监狱生活的心理学研究。他面试了 70 个申请者，并选出了 24 名大学生，他们都是来自于中产阶级的、身体健康的男性。他告诉这些人研究将持续一至两个星期，每天的报酬是 15 美元。他随机抽取了一半的人作为"囚犯"，另外一半的人则作为"看守"。

同时，研究人员为了这个实验专门咨询了"监狱生活"方面的专家（其中一个人曾在监狱中服刑 17 年），并在斯坦福大学心理学系的地下室建造了一所"监狱"。"监狱"中包含三个房间，每个房间只能摆下三张床，房间的门特别厚重，由钢质的栏杆构成，上面有牢房编号。走廊

成为了"运动区域",一个小衣柜成为所谓的"禁闭室"。

"囚犯"必须经过许可才能前往卫生间,他们会被蒙住双眼,然后沿着走廊走下去。牢房被监听,房间中发生的一切通过一个小洞被录制下来。

每个"囚犯"都在家里被逮捕和起诉,"警察"宣读了他们的合法权利,把他们双臂展开压在警车上搜身,再把他们用手铐铐起来,邻居们瞪着眼睛惊恐地看着这一切。在"监狱"中,"囚犯"被搜身,脱光所有的衣服,"警察"用驱虫喷雾喷他们——这一行为旨在羞辱他们。接着,每名"囚犯"得到了一套制服:一顶绒线帽,一件要一直穿着的罩衫,没有内衣。每名"囚犯"的身份编号被印在衣服的前面和后面。"囚犯"的右脚踝上拴着一条重重的铁链。

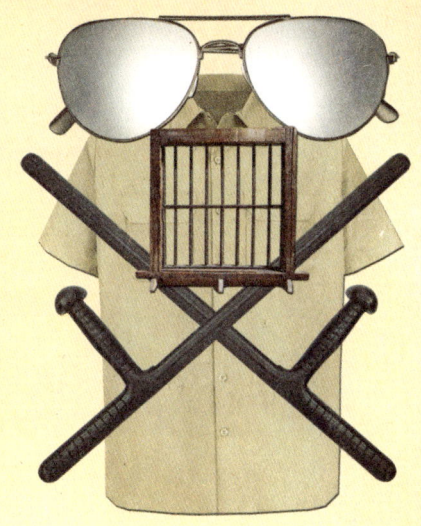

"监狱看守"被分发了卡其色的制服和黑色的墨镜。

羞辱

津巴多为了在极短的时间内产生同样的羞辱效果,用绒线帽替代了真实监狱里的剃头。脚上的锁链用于提醒"囚犯"他们正处于一个高压的环境中,同时也为了让他们在晚上无法舒服地入睡。

"监狱看守"被分发了卡其色的制服、黑色的墨镜、口哨和警棍,但他们没有给予"看守"任何具体的指导和训练。

实验开始时有九个"囚犯",九个实行八小时轮班制的"看守",每次有三个人当班。在第一天凌晨的 2 时 30 分,"囚犯"被刺耳的口哨声吵醒,这是他们许多次"报

数"经历中的第一次。一些"囚犯"还没有完全进入他们的角色,不遵守"看守"提出的纪律,"看守"报复了这些"囚犯",命令他们做俯卧撑,有时还会站在"囚犯"的背上来让惩罚更加痛苦。

"囚犯"的叛乱

第一天平安无事,但在第二天早晨,"囚犯"开始了反抗。他们拿掉了绒线帽,并用床堵住了门,把自己关在了牢房里。"看守"用灭火器喷射冷冻的二氧化碳来制伏叛乱者。他们脱光了"囚犯"的衣服,让他们赤身裸体,还拿走了"囚犯"的床,并把领头挑事的"犯人"关进了"禁闭室"。

随后,"看守"决定采用心理战术来重新获得控制权。他们带走三个叛乱的"囚犯",把他们放置在有床的牢房里,给他们特别的食物,而让其他人看着。这使得其他"囚犯"对养尊处优的三个人有了很大的意见,他们大多数人的挫败感和愤怒都开始变成了针对彼此而非"看守"。

同时,"看守"变得更加心狠手辣,甚至剥夺了"囚犯"最基本的权利：有时他们会禁止"囚犯"去洗手间，只给他们的牢房里放一个桶。牢房里臭气熏天。

不到 36 个小时，一名"囚犯"便表现出了剧烈的情绪波动。尽管研究人员也已经开始表现得与"监狱看守"越来越像——他们不相信"囚犯"真的感到痛苦，但最终还是允许该名被试退出了实验。

随着一天天过去，"看守"变得越来越残暴，特别是在晚上他们认为没有人在看着的时候。与此同时，最初还与"看守"进行对抗的"囚犯"则越来越低落。

实验终止

情况愈发失控，以至于津巴多不得不在第六天停止实验。对此，所有的"囚犯"都很高兴，但"看守"却不然。

津巴多写道：

> "尽管对模拟监狱的观察只进行了六天，但我们足以看到监狱是如何去人性化，把人像物体一样对待，并把绝望一点点灌输给那些可怜的犯人的。从监狱看守们的身上，我们可以看到普通人究竟是如何从善良的杰基尔博士逐渐转变成为邪恶的海德先生[1]的。
>
> "关键的问题是，我们要如何改变制度以使其提升人的价值，而不是让它将人性摧毁。"

---

1 两个人物均出自《变身怪医》，故事中，杰基尔博士为了探索人性善恶，发明了一种药物，吃下去就会变成另一种人格，即海德先生，杰基尔博士把自己所有的恶念全部赋予了残暴的海德。

1971

研究人员：
彼得·沃森
黛安娜·夏皮罗

研究领域：
认知，决策

实验结论：
解决抽象问题很难，但将其置于具体情境下时我们却觉得很简单

你能选出最符合逻辑的答案吗？

沃森的选择任务：具体情境下的抽象推理

请思考下述逻辑问题：

每张卡片的一面是彩色的，另一面有一个数字。命题为：所有蓝卡的背面都有一个偶数。为了检验这个命题是否为真，你需要翻开哪几张卡片？

请小心，至少有 70% 的人回答错了。
你会翻开哪些卡片？

彼得·沃森对于人们如何解决逻辑问题很感兴趣，他在 1966 年首次提出这样的问题，并演示了如何将其转换为纯粹的逻辑问题，它可能会帮到你，也可能不会。

在开篇的问题里，p 代表蓝色卡，q 代表偶数；所以 p 对于第一张卡是真的，对于第二张卡是假的，对于第四张卡来说 q 是真的，而对于第三张卡来说 q 是假的。

因此，你必须翻开蓝卡，看看它背面是否有一个偶数。

110

你也要翻开写着3的卡,因为q对于它来说是假的,3不是偶数。但你无须翻开8,因为它的背面可以是蓝色,哪怕是粉红色(或黄色,或任何其他颜色)也依然没关系,这并没有违反命题。

所以正确的答案是,翻开蓝色和3这两张卡。

沃森和夏皮罗一共让学生们做了24个这样的测试。他们只得到了七个正确答案(29%)。学生太过关注于验证命题为真,忽视了证伪。换句话说,他们忽视了通过翻转q为假的卡片来推翻命题的机会。

研究人员想知道涉及现实生活的问题是否容易一些,于是设计出了所谓的"具体"问题。他们将32名本科生分为两组。抽象组中的那些人得到与上述问题类似的题目:四张卡一面是字母,另一面是数字。摆在面前的卡片分别是D、K、3和7,命题为"一面是D的卡在另一面是3"。如果要判断命题的真假,你要翻过哪些卡片?

你的回答是什么?答案就在这篇文章的结尾。

具体组的学生被告知,实验者在特定的日子里做了四次旅行。她声称,每次她都是乘汽车去曼彻斯特。四张卡代表她的四次旅行,卡片的一面写着城市,另一面写着交通工具。

曼彻斯特	利兹	火车	汽车

结果

-

抽象组平均只有 2 个人答对了问题（12.5%）。具体组的表现更好，有 10 个人答对了问题（62.5%）。研究人员得出结论，具体语境下的问题更容易，因为它处理的是实实在在的材料，而不是抽象的字母和数字，词语之间存在联系；所有的词都和旅行有关，并且题目中的情况可以在现实生活中发生。

最简单的一道题是你每次喝酒时都会遇到的情况。假设你在酒吧，21 岁以下的人不允许喝啤酒。每张卡代表一个在喝东西的人：

| 啤酒 | 17 | 可乐 | 27 |

如果要判断这四个人是否违法，你必须翻转哪些卡片？你大概会认为这个问题十分简单。

结论似乎是，当问题涉及社会规范时，我们可以轻而易举地解决。这或许是因为我们对社会情况更熟悉，或者说，我们的大脑进化得更善于解决具体的社会问题，而不是抽象问题。

正确的答案是 D 和 7，曼彻斯特和火车，啤酒和 17。

专业医生能分辨出"真假精神病"吗?

罗森汉恩实验和《精神病房里的正常人》

1973

研究人员:
大卫·L. 罗森汉恩

研究领域:
社会心理学

实验结论:
部分精神专科医生并不能区分正常人和精神疾病患者,并表现出危险的去人性化行为

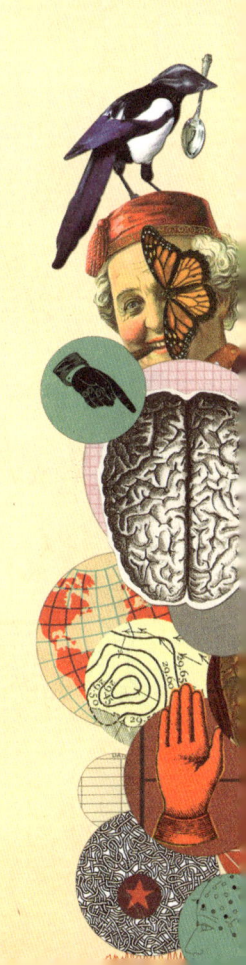

1973年,美国心理学家大卫·L. 罗森汉恩发表了一篇名为《精神病房里的正常人》的文章,详细探讨了精神疾病诊断标准的有效性。罗森汉恩说服了八个完全正常的人把自己送进美国各地的精神病医院。这些"假病人"包括一名心理学专业的学生、三名心理学家、一名儿科医生、一名精神科医生、一个画家和一个家庭主妇。

幻听

首先,假病人拨打了医院的预约电话。他们所描述的唯一的症状就是他们会听到声音。他们说,声音通常是模糊的,但听起来似乎是"啪""嗒"和"砰",此外,他们还谈了自己的生活、家庭和亲密关系。

他们都立即得到了令人担忧的诊断,但他们后来并没有表现出任何异常症状。当医院的工作人员问他们有什么感觉时,他们回答还好,没有再听到任何声音。他们都渴望出院,并在护士的报告中被描述为"友好""合作"和"没有表现出异常的迹象"。他们接受了药物治疗,尽管并没有真的把药吃下去。医院总共发了2100粒各种各样的药物,但他们把药都偷偷扔在了厕所里,在医院里,他们经常发现真正的病人也会把药片偷偷藏起来。然而,

尽管他们的一切表现都理智又正常,但装病的事实从未被发现。他们中的一个人被诊断为躁郁症,其他人被诊断为精神分裂症。在平均19天后,他们得到了"精神分裂症有所缓解"的诊断,终于出院了。

于是,精神病人的标签被彻底贴在了他们身上,并会一直影响他们以后的生活。

写笔记

他们花了大量的时间记录自己在精神病院里的经历。他们在最初偷着写,但在不久以后,他们发现医院的工作人员对此根本不感兴趣,也从来没有看过他们的笔记,于是后来他们在白天的房间里公开地写。一位护士每天都在病例中说他们"沉溺于写作"。显然这一行为被认为是精神分裂症的症状。

在每个医院中,医护人员与患者都被严格隔离。医护人员有自己的生活空间,包括食堂、浴室和会议室。假病人称这些被玻璃围起来的区域为"笼子",在他们的记录中,医护人员平均出现的时间只占了工作时间的11.3%。

并且,当医护人员出现时,他们极度回避与病人交谈。当假病人向他们提问,比如"某某医生,麻烦问一下,我什么时候可以出院?"最常见的回答是"早上好,戴夫。你今天怎么样?"医生说完就走了,并不观察病人的反馈。

罗森汉恩生动地描述了医院的去人性化:

"到处都能体会到无力感。被诊断为精神病后,患者被剥夺了许多合法权利……个人隐私被侵犯,医

114

护人员可以随意进入患者的宿舍，检查他们的财物……患者的个人卫生和排泄物经常受到监督。甚至有的厕所连门都没有。"

患者的怨言

虽然"假病人"从来没有被工作人员发现，但他们却经常被其他患者拆穿。最初的三次住院治疗期间，病房里1/3的患者发现了假病人的真相：其中一些患者观看他们记笔记，并对他们说："你不是疯子。你是记者或者教授。你是来医院视察的。"

罗森汉恩写道：

> "识破真相的不是医生而是精神病人，这一事实表明了巨大的问题。医生在假病人住院期间未能发现他们神志正常或许是由于医生……比起将病人误诊为正常人，更倾向于将健康的人误诊为病人……因为把病人错当成健康人显然是更危险的。出于极高的警惕，医生会怀疑健康的人身患疾病。
>
> 每当已知与未知的比率接近零，我们便往往会制造出'知识'，并假装自己比实际上知道得更多。好像我们总是很难承认自己的无知。对行为和情绪问题的诊断和治疗的需求是如此巨大。
>
> 但是……我们一直给患者贴上'精神分裂症''躁狂抑郁'和'疯子'的标签，就好像从这些词语中我们已经掌握了这些问题的本质。实际的情况是，我们在很久前就知道诊断通常是无效或不可靠的，但我们却仍在持续地使用它们。现在，我们都知道了，我们并不能区分精神异常的患者和正常人。"

1973

研究人员：
马克·R. 列波尔
大卫·格瑞尼
理查德·E. 尼斯贝特

研究领域：
社会心理学

实验结论：
奖励可以破坏孩子对某些活动本来存在的内在兴趣

奖励真的有效吗？

金色星星带来的困扰

在学校里，孩子经常被奖励金色小星星或其他"小礼物"，但是这有点儿危险，因为这些奖励反而可能会降低他们的热情——"我做算术题是为了获得一个小星星，而不是因为它很有趣"。

列波尔和他的同事们决定在斯坦福大学校园里的一所幼儿园中检验这一理论。他们选择了一群来自于中产阶级的白人儿童，这些孩子都对绘画感兴趣。孩子们被随机分成了三组。他们预先告诉 A 组中的每个孩子，他将获得一个漂亮的优秀选手证书，证书上装饰着金色的星星、红色的丝带，还有孩子和学校的名字。B 组中的每个孩子会获得同样类型的奖励，但是他们要等到绘画完成之后才知道。C 组儿童没有任何奖励。

实验阶段一

每次实验都会有一个孩子被单独带进房间，研究人员会邀请他用一套彩色的荧光笔画画，在平时，孩子们并不总会有这样的好机会。如果被试儿童来自 A 组，研究人员会拿出上述奖励的样品，并告诉孩子，他们会得到一份属于自己的奖励。而来自其他组的被试儿童只是画画而已。

6分钟后，研究人员会中断实验，A组和B组的孩子会在写下自己的名字和学校之后拿到优秀选手证书。他们一起把证书挂在了一面特别的"荣誉墙"上——"这样每个人都会知道你是一个好画手啦！"

实验阶段二

-

一周后，研究人员开始了实验的第二阶段。首先，老师在一个小六边形桌上放置一套专用笔和白纸。教室里还有一些其他的活动材料，包括积木、画架、家务用品，有时还会有橡皮泥。当这群孩子进来时，他们可以自由地做任何他们喜欢的事情。在第一个小时里，观察员从单向镜后面观测孩子们在六边形桌旁进行的活动。

最终，共有51名儿童（19名男孩和32名女孩）完成了实验。其中18名儿童来自A组，18名来自B组，15名来自C组。

结果预测

研究人员预测，对于奖励的承诺会使孩子对任务的兴趣减弱。实验结果证实了这一假设。A组中的孩子事先被告知他们会得到奖励，他们后来对用彩笔画画的兴趣减少了许多——事实上，他们花在画画上的时间大约只有其他儿童的一半。女孩和男孩之间没有明显的差别。

B组和C组的儿童对使用彩笔画画的兴趣都比实验开始前高。

儿童在实验期间绘制的画作得到了从1到5的评分，分数由3名不知道儿童所属组别的评委评定。A组的平均

分为 2.18 分；B 组为 2.85 分；C 组为 2.69 分。即在得知自己会获得外在奖励的情况下，A 组儿童的画比其他儿童更差。

如何激励

研究人员得出结论：

"……（这个实验）对于使用外在奖励来增强或维持儿童兴趣的场景意义重大。尤其是在传统的课堂上，在那里，外在奖励系统（无论是分数、金色星星，还是特权奖励）被用于整个儿童群体。

"事实上，儿童，至少是一些儿童，对学校安排的许多活动存在内在兴趣。本研究表明，在此类活动中设置外在激励系统将会破坏某些儿童的内在兴趣，比如那些在一开始还带有些许热情的儿童。"

你的记忆有多准确？

错误记忆和误导信息效应

1974

研究人员：
伊丽莎白·F. 洛夫特斯

研究领域：
记忆

实验结论：
事件发生后的信息会影响我们对事件本身的记忆

你的记忆是准确不变的吗？如果回答是，那么你或许就错了。

伊丽莎白·洛夫特斯教授发现，每当她参加一个活动并在结束之后询问大家的意见时，不同的人往往给出不同的描述。这种情况常见于道路交通事故后，目击者们的证词通常是许多各不相同的版本。

法庭上的目击者

1973 年的一个案例中，在法庭上，17 名证人都指认一个人射杀了警察。然而后来事实证明，被指证的人在当时甚至都没有出现在犯罪现场附近。

洛夫特斯对此的解释是："当我们经历事件时，我们并不是将其简单地储存在记忆里，然后在接下来的某一个时间进行检索，并查看当时都存储了些什么。恰恰相反，在回忆或再认时，我们用来重建事件的信息来源各异，包括事件给我们带来的最初感觉和我们在事后所做的推论。经过一段时间之后，不同来源的信息会被整合，所以目击者根本无法断言自己可以掌握事件的'真相'。"

换句话说，大脑吸收了对于事件的实际体验，并编造了一个似是而非的故事，以解释当初发生了什么。如果有其他信息或建议在之后加入，大脑便会重构记忆，以适应输入的新信息。洛夫特斯注意到，提问的形式似乎可以

改变目击者的记忆，于是她设计了一个实验，以探究这种情况发生的可能性。她向 100 名学生展示了一段描绘了多起车祸的短片。

诱导性提问

看过短片之后，学生们填写了一份问卷，其中包括六个关键问题：其中三个关于短片中出现的物品，另外三个关于没有出现的。

一半的被试得到的关键问题的形式是"你是否看到了一盏破碎的车前灯？"另一半被试被问到的是"你看到那盏破碎的车前灯了吗？"第二个提问形式暗示着确实存在一盏破碎的车前灯，不管它是否实际出现在了短片中。被问到含有"那盏灯"问题的目击者更容易报告自己看到了短片中实际不存在的东西："那盏灯"组里 15% 的人回答了"是"，而"一盏灯"组只有 7% 的人回答"是"。换句话说，只是"一盏灯"与"那盏灯"的不同就改变了 8% 的学生的记忆。另外，"一盏灯"组中有 38% 的人回答"不知道"，而在"那盏灯"组中为 13%。

为了继续探究在"问题"上其他微小的改变是否影响数量上的判断，她向 45 个人展示了七段关于交通事故的短片。观看其中一部短片的一些观众被要求填写一份问卷："当他们撞毁 / 撞击 / 碰撞 / 碰到 / 互相接触时，汽车的速度有多快？"

不同情况下估计的结果有显著的差异。

不同"动词"下的估计速度均值	
撞毁	65.3 千米/小时
撞击	62.9 千米/小时
碰撞	60.9 千米/小时
碰到	54.4 千米/小时
接触	50.88 千米/小时

记忆修正

另一组学生观看一个类似的短片,并被问到当车辆互相"撞"或"撞毁"时的速度有多快。一个星期后,他们被问到是否在短片中看到了任何碎玻璃,尽管短片中没有任何碎玻璃。回答看到了碎玻璃的学生中,被问到"撞毁"问题的人数是被问到"撞"问题的两倍。

洛夫特斯总结道:

"不仅对速度的估计有误,目击者对时间和距离的估计都是不准确的。然而在法庭上,他们却必须做出定量的判断。事故调查员、警察、律师、记者和其他询问目击者的相关人员都应该牢记问题措辞所具备的导向性。当询问目击者时,你所得到的回答并不一定是他真实所见。"

误导信息效应

人们的记忆因事后的信息和暗示而变得不准确的现象被称为"误导信息效应",洛夫特斯的研究结论开启了科学界对"虚假记忆"几十年的研究。

1974

研究人员:
阿莫斯·特沃斯基
丹尼尔·卡内曼

研究领域:
认知,决策

实验结论:
当结果未知时,认知偏差可能导致我们做出不好的决定

怎么做出艰难的决定?

"启发法"和潜在风险评估

当无法得知确切的结果时,大多数人都会觉得做决定很艰难,并且他们经常犯错。于是,以色列出生的心理学家丹尼尔·卡内曼和阿莫斯·特沃斯基试图对人类行为的矛盾之处进行研究。

启发法

两位心理学家发现,当人们必须对不确定的未来做出判断时,会倾向于使用"启发法"来解决问题。这是一个以简单有效为原则的心理捷径,通常表现为侧重于问题的一个方面而忽略其他方面。

例如,假设你被告知"史蒂夫非常内向害羞,总是乐于助人,性情温和又整洁,他寻求秩序性和结构性,注重细节"。除此之外,你还得知史蒂夫可能是一名农民、推销员、航空公司的飞行员、图书馆的管理员或者医生。你认为史蒂夫最可能从事上述的哪个职业?

你可能猜测他是图书馆的管理员,但农民的数量要比图书馆管理员多得多,因此,尽管史蒂夫拥有上述的性格,但他实际上更有可能是一名农民而非图书馆员。这就是"代表性启发法"。

在一个实验中,研究人员向一组学生描述100名专业人士的其中之一:"迪克已经结婚但没有孩子。他能力强,工作积极,他决心在自己的领域干出一番事业,他的

同事们都很喜欢他。"

一半学生被告知，这 100 名专家小组由 70 名工程师和 30 名律师组成；另一半学生则被告知是 30 名工程师和 70 名律师。当被问及迪克是律师还是工程师时，所有学生都说可能性各为 50%。他们忽视了迪克更有可能从事专家组中数量更多的那个职业：可能性是 70% 对 30%。

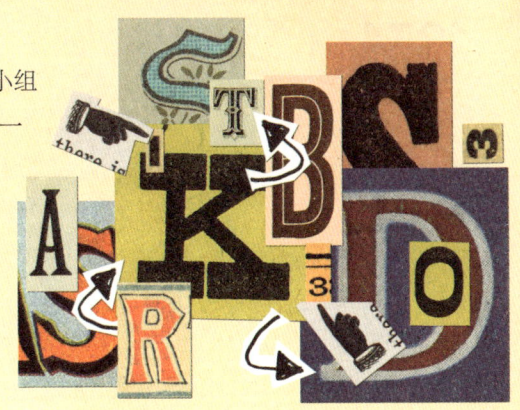

可能性是多少？

-

思考一个问题，在一篇普通的英语散文中，字母 K 更可能作为单词的第一个字母还是第三个字母出现？

研究者向 152 名被试提出了这个问题，105 个人（69%）表示更可能是第一个字母。事实上，K 作为第三个字母出现的频率是首字母的两倍。问题是，想到以 K 开头的单词很轻松，而想出以 K 为第三个字母的单词却比较困难。L、N、R 和 V 也是如此。这被称为"可得性启发法"，因为这一方法依赖于最先想到的例子。

回中趋势

-

请设想，有一大批儿童接受了两个等效版本的能力测验。假设你从第一个版本中挑出十个最好的，你可能会发现他们在第二个版本里表现得差一些。而如果你从第一版里选择十个最差的，你可能会发现他们第二版的得分还不错。这被称为"回中趋势",由弗朗西斯·高尔顿[1]在19世纪首次提出。

十个考得最好的学生可能真的比其他所有人都优秀,但也有可能只是因为运气好而多得了几分,他们可能更接近于中等水平,或是说平均值。结果是,这十个最好的学生可能会掉回到中间一点点,十个最差的会往前一点点。

研究人员指出,忽略这一点可能会导致危险的后果:

在有关训练的讨论中,经验丰富的教练指出,如果对平稳着陆的学生进行表扬,他们通常在下一次着陆时表现得很糟;然而,如果在他们着陆不好时严厉批评,他们通常会在下一次有所进步。于是教练认为,口头表扬不利于学习,而口头批评则对学生有利。但这样的结论并不合理,因为学生的表现存在向平均值靠拢的回中趋势。

美国地区各种死亡原因的概率		
死亡原因	被试估计值	真实值
心脏病	22	34
癌症	18	23
其他自然原因	33	35
全部自然死亡	73	92
事故	32	5
谋杀	10	1
其他非自然死亡	11	2
全部非自然死亡	53	8

你会如何死去?

研究人员询问了120名斯坦福大学毕业生关于各种原因死亡的可能性。结果是,他们略微低估了自然死亡的概率,并严重高估了非自然死亡的概率。

卡内曼与特沃斯基总结道:"我们认为,对'启发法'进行分析可以有效减少人们在不确定性的判断中犯错的普遍性。"

在特沃斯基和卡内曼的广泛工作之后,关于人类偏见的研究开始大量涌现。

---

1 弗朗西斯·高尔顿(Francis Galton,1822年2月16日—1911年1月17日),英国科学家和探险家。研究领域涉及人类学、地理、数学、力学、气象学、心理学、统计学等方面,是查尔斯·达尔文的表弟。

1974

研究人员：
唐纳德·G. 达顿
阿瑟·阿伦
研究领域：
情绪心理学
实验结论：
生理反应与情绪唤起有确切相关

你会因为恐惧而爱上一个人吗？

高焦虑状态下的性吸引力

你在害怕时会觉得潜在的伴侣更有吸引力吗？你能区分性唤起和纯粹的恐惧之间的差异吗？

一些证据表明，性唤起与强烈的情绪体验有关，甚至会因强烈的情绪而增加——这就是为什么人们愿意带自己的伴侣去游乐场和看恐怖电影。实际上，我们可能根本无法区分这两种不同的情绪。

卡皮拉诺吊桥实验

-

研究人员唐纳德·G. 达顿和阿瑟·阿伦设计了一个巧妙的实验来探究恐惧和性唤起之间的关系。他们找到了位于加拿大北温哥华卡皮拉诺河上的两座桥梁。一座是控制桥，控制桥很宽，固定，由雪松木建造，有高的扶手，高度为 10 英尺（3 米）。另一座是实验桥——卡皮拉诺峡谷悬索桥。这是一座长而狭窄的吊桥，由挂在钢丝绳上的木板建造而成，与下方汹涌的洪流相距 230 英尺（70 米）。吊桥的扶手很低，当行人经过时桥体时会摇摆不定。于是，吊桥上的大部分人都只能紧抓着扶手小心地慢慢走。

他们选取恰好独自通过桥梁，没有女性伴侣，并目测年龄在 18 到 35 岁之间的男性作为被试。

当被试走在桥上时，一名访谈人员会接近他，并邀请他参与一项心理学实验，即填写一份简短的问卷。问卷的第一页有关于年龄、性别、教育以及从前是否到过这座桥等基本问题。在第二页，他们被要求根据一个年轻女子的照片写一个简短的具有戏剧性的故事，照片上的女性伸出一只手，并用另一只手覆盖住自己的脸。

随后，研究人员给这些故事中的性内容打分：1分，即没有性意味的内容；3分，比如接吻；5分，比如有任何提到性交的内容。

蓄势待发

被试填写完问卷时，访谈人员会对他们表示感谢，并提出以后如果有机会可以向他们详细解释实验的经过。访谈人员会提供自己的电话号码，并告诉被试如果想要有进一步的了解，可以给自己打电话。

猜猜看，访谈人员的性别会带来怎样不同的结果？访谈人员都是学生，有男有女。大多数被访谈的人同意了加入实验，尤其当访谈人员是女性的时候。

访谈员	接受测试的人数	接受电话号码的人数	打了电话的人数	故事的"性感度"
男性 — 控制桥	22/42	6/22	1	0.61
男性 — 实验桥	23/51	7/23	2	0.80
女性 — 控制桥	22/33	16/22	2	1.41
女性 — 实验桥	23/33	18/23	9	2.47

结果表明，第一，如果访谈人员是女性，男性更倾向于参加；第二，在危险的吊桥上进行采访似乎使女性访谈人员看起来更具吸引力——男人们一定是被唤起了情绪。不仅是他们写的故事比别人的更性感，而且他们中的许多人会在后来拨打女性访谈人员的电话。

换句话说，恐惧和性唤起之间存在着某种联系，或者，再换个说法，你无法判断肾上腺素的分泌是由于性唤起还是由于纯粹的恐惧。

1975

研究人员：
威廉·R. 米勒
马丁·塞利格曼

研究领域：
行为主义

实验结论：
消极事件造成的失控感会导致临床上的抑郁症状

狗会抑郁吗？

习得性无助与抑郁症

作为一名与实验心理学家理查德·所罗门合作的研究生，马丁·塞利格曼最开始的研究对象是狗。他把一条狗放在笼子里，中间有一个把笼子一分为二、高度到狗胸口的障碍物。进入笼子一段时间后，狗会遭受一下短暂的电击，然后是第二下电击，一下接着一下。如果狗跳过障碍到达笼子的另一端，电击便会中止。随后，笼子的这一端也出现电击，而为了躲避电击，狗不得不跳回到最初的一端。

很快，狗学会了在受到电击时立刻跳过障碍。这称为操作性条件反射。

然后，塞利格曼对另一组狗施加无法躲避的间歇性电击。当他把这些狗放入分割的笼子里，它们从来没有学习过可以通过跳跃障碍躲避电击，于是它们只是站着或躺在地上等待电击停止。而从未经历过电击的第三组狗很快就学会了跳跃障碍。

习得性无助

塞利格曼的结论是，不可控制的电击在第二组狗中产生了"习得性无助"，即它们明白自己无论做什么都无法让电击停止，所以还麻烦什么呢？甚至当他们把障碍拿走并且把食物放在笼子另一端时，第二组狗也不过去。

塞利格曼写道：

"当实验者去它们原本的笼子里，试图去抓'非无助'的狗时，狗并不会随他所愿，它会大叫，跑到笼子的后面，并且抵抗实验者。与之相反的是，无助的狗是畏缩的，它们被动地趴到笼子的底部，甚至偶尔会翻过身来，摆出顺从的姿势，它们不反抗。"

人类也是如此吗？

塞利格曼和米勒在人类身上发现了类似的效应。在一个实验中，他们要求人们做心算，并在同时用令人分心的噪声干扰他们。当其中的一些人发现他们可以关掉噪声时，他们的表现有所改善，即使他们经常懒得把它关掉。关键在于，他们知道自己能够关掉噪声，所以他们不再会感到无助。

实验者还对抑郁症患者进行了研究，并观察到他们有时表现出与"无助"的狗相同的行为：疲倦、失眠、预感到灾难、精神麻木等。他们提出了两个结论：1.一些抑郁症状是习得性无助的结果；2.抑郁患者认为自己是无助的。

抑郁症患者该如何看待这一点？

米勒和塞利格曼认为抑郁症患者在面对问题时，使用的是一种"抑郁的解释风格"——比如"问题在于无能的自己。我没有任何用处。我在任何事情上都无药可救"。因为他们相信他们是无助的，所以他们更容易感受到抑郁情绪。

他们发现，相对于精神分裂症患者或正常的医学生，医院中的抑郁症患者更容易使用这种解释风格。如果普通大学生的成绩低于自己的期望——想得 A 却得了一个 B，或得了 D 而不是 C——他们仅仅会有点儿失望，但抑郁的学生却会采取一种抑郁的解释风格。

种种无助

习得性无助也存在普遍性与个体性的区别。

假设一个孩子感染了白血病，他的父亲会尽一切可能来拯救男孩的生命。但当一切都没有什么效果时，父亲开始相信他什么也做不了，也没有任何人可以帮得上忙。他最终放弃了，表现出行为上的无助和抑郁症状。这是普遍性无助。

假设一名学生不断努力学习数学，参加额外的课程班，聘请补习老师，但都没有什么帮助，他依旧考得不好。他觉得自己很笨，于是放弃了——从此以后，任何数学问题，从估算购物账单到填写退税单，都永远成了他的噩梦。这是个体性无助。

结论

米勒和塞利格曼得出一个结论：那些生活在"成功人士"周围的失败者，相对于那些只能靠运气获得成功的失败者拥有更低的自尊。另外，如果一个可怜的学生没有通过考试，而除他之外的人都通过了，他的自尊会低于其他也没通过考试的人，因为如果大家都没及格，他会认为没有任何人能考得好。

你能用眼睛听吗？

唇语的重要性

1976

研究人员：
哈里·麦格克
约翰·麦克唐纳
研究领域：
感知觉
实验结论：
语音感知过程中听觉和视觉存在相互作用

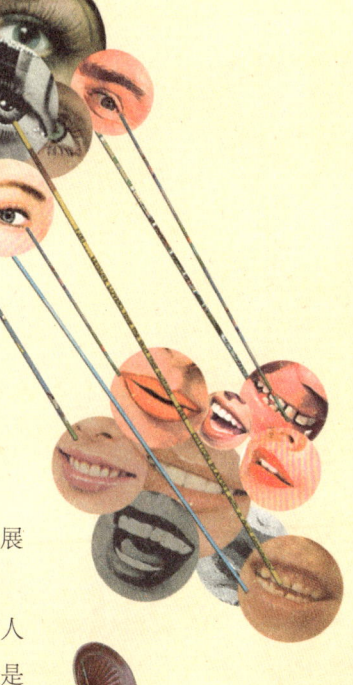

有时，读口型会导致误听。当你用手机和人交流时，你只能听到声音，但当你们面对面地说话时，你在听声音的同时还可能会注意对方的嘴唇。读口型对大多数人是有帮助的，尤其对于听力受损的人，深度失聪的人的确需要依靠唇语来交流。

然而，哈里·麦格克发现了交谈过程中一个奇怪的现象，视觉实际上会妨碍听觉。他在电影中看到一名年轻女子对着镜头说话。她在说"ba…ba"，但这个声音完全与她"ga…ga"的口型同步。

你认为你会听到什么？麦格克听到的是"da"——直到他闭上眼睛，他才听到了"ba…ba"，但当他再次看着屏幕时，他又听到了"da…da"。与他一起工作的同事也有同样的经历。

当这个过程反过来，即声音是"ga…ga"，而口型是"ba…ba"，他们听到的则是"bagba"或"gaba"。

制作录像

麦格克被观察到的现象激起了好奇心，并决定开展进一步的研究，他设计了一些精妙的实验。

他着手修正并归纳自己的发现。他录制了一个女人说三次 ba 的特写镜头，然后是 ga，接下来是 pa，最后是

ka。每个音都是连续三次。然后，他经过仔细剪辑，制作了四段单独的录音，如表所示。

录像	1	2	3	4
声音	ba…ba	ga…ga	pa…pa	ka…ka
口型	ga…ga	ba…ba	ka…ka	pa…pa

他让103名被试观看了他制作的录像带：包括21名学龄前儿童，3或4岁；28名小学生，7或8岁；54名成年人，大多是男性。

每名被试都先独自观看录像，接着报告自己听到了什么，然后只听声音，不看口型，并再次报告自己听到了什么。

结果十分有趣。没有口型的干扰，他们的听觉是准确的：学龄前儿童的正确率为91%，小学生为97%，成年人为99%。

如果听的同时也看口型，他们便会在59%、52%和92%的时间里听到"错误的"音节。

他把这种反应定义为"融合"，即来自听觉和视觉的信息被转换成了不同于两者中任何一种的新声音，如ba和ga变成了da。当听觉和视觉产生了"修正音"，如ga和ba变成bagba——麦格克将其称为"合并音节"。

首先，该实验的结果表明，大部分人所受到的影响是相似的：98%的成年人将ba/ga合并为da，81%的成年人将pa/ka合并为ta。儿童则更多地依赖于听觉而不是视觉，但是超过50%的孩子听到了相同的合并音节。

成年人则更多地受到视觉的影响，当他们需要依靠一种感知觉的时候，成年人会选择视觉，而儿童会选择听觉。

结论

麦格克指出，在听觉中，元音携带了前方辅音的信息，并得出了暂时性的结论：

"如果我们假设 ba 的声波形具备与 da 的声波形相同的特征，而不是与 ga 相同的特征，那么上述的一组误听则可以得到暂时性的解释。在声音 ba 和口型 ga 的试次中，存在 da 和 ga 的视觉信息，和具备共同特征的 ba 和 da 的听觉信息。为了对两种状态中的共同信息做出反应，个体将得到统一的感知，即 da。"

上述这些实验告诉了人们，我们——尤其是成年人——在听音时有多么依赖于视觉（但却意识不到它）。此外，这还警醒了或许经常被音轨有误的视频或影像所愚弄的大众。

1978

研究人员：
爱德华多·比夏克

研究领域：
感知觉

实验结论：
脑损伤可导致单侧视野缺损

失去一半世界是怎样的感觉？

单侧视野和单侧忽略

有些人只能看到一半的世界。许多患者在中风后出现了身体的单侧瘫痪，或是无法正常地说话，但有少部分人出现了单侧视野缺损或单侧忽略，他们似乎失去了一侧的视野。

最常见的是大脑右侧损伤，患者左手边的世界似乎消失了。出现单侧忽略的男人通常在剃须时只刮脸的右侧，而女性则只化右边脸的妆。他们只吃盘子右边的食物，必须有人帮他们把盘子掉转过来他们才能把饭吃完。

当被要求画一幅画时，他们会把一切紧密地画在右边。因此，他们画的钟面只有右侧，但也许他们会把所有数字都挤在右半边，画花的时候，他们把所有花瓣都画在一侧。

有时，患者的左半边身体会撞上东西，比如门框。因为他们会忽视掉左侧身体。

奇怪之处在于，他们并没有完全失去左侧的视野。信息会输入进来，但他们的大脑无法处理它——似乎只是忽略它，或者说没有把注意力放在这上面。

要求患者读一个单词，他们可能会只读单词的右半部分，并且可能会自发地把另外一侧补全。所以，如果你让患者读 PEANUT 这个词，他们可能会说"NUT"或"WALNUT"。如果你摇动患者的左手，问他这是什么，他会回答"这是一只手"。但如果你问这是谁的手，他会说："我不知道。不是我的手，那一定是你的手。"所以大脑会虚构，或者编造出一个患者认为是事实的故事。

其他实验表明，大脑右半球可以接收情绪信息，却无法解释它们。约翰·C. 马歇尔和彼得·W. 哈利根向病人展示了两个房子的图片，这两栋房子基本是相同的，但其中一栋房子的左边着火了，有滚滚浓烟冒出来。

病人说两栋房子是一样的，但当被问到他们愿意住哪一栋时，他们选择了没有着火的房子。这表明他们已经清楚地接收到着火房子的情绪信息，尽管这被他们的视觉系统忽略了。

比夏克用一个精妙的实验证明了忽略不仅仅发生在视觉中。他与来自意大利米兰的患者合作——米兰壮观的大教堂和教堂前的广场举世闻名。

首先，他要求患者想象自己面朝大教堂站立，并描述这个场景。

患者描述了广场右侧的所有建筑物，但没有提左边的。然后，他要求患者们想象自己背朝大教堂，果不其然，患者们描述了广场另一边所有的建筑物。因此，患者们拥有关于所有建筑物的信息，但出于某些原因，他们忽略了左半侧。

更有趣的是，他们当时并没有真的站在广场上，而是在想象，所以，对世界的单侧观察显然并不局限于视觉，而是影响了他们全部的心理表象。大概整个广场的视图在他们中风之前已经存储在了记忆中，但中风之后他们只能提取出其中的一侧。

6. 意识之内：1981—

直到 20 世纪 80 年代，"意识"一词才被心理学领域承认。人们究竟要怎样研究意识？当这一话题悄然而至时，心理学家不得不开始正视"真正的难题"——思维和身体似乎是分开的，但它们却一定又是相关的，甚至可能就是"一体两面"。

尽管我们似乎感觉到身体内部有一个"我"正在通过眼睛看着世界，但我们知道事实并不是这样。我们脑中有的只是无穷无尽的神经元，它们以数十亿种方式联结来处理信息。如今，科学家们开始对这些联结的路径展开研究。

1983

研究人员：
本杰明·李贝特
柯蒂斯·A. 格利森
埃尔伍德·W. 莱特
丹尼斯·K. 珀尔

研究领域：
感知觉

实验结论：
自由意志或许是不存在的，但我们仍要为自己的行为负责

自由意志真的自由吗？

自由意志中的认知神经科学

所有人都认为我们可以有意识地控制自己的行动，但事实真的是这样吗？在 20 世纪 80 年代，美国神经心理学家本杰明·李贝特和他的同事针对五个"右撇子"大学生进行了研究，学生们坐在躺椅上，身体微微倾斜，把右臂放在前方。

学生坐好之后，本次实验的指导语开始播放，学生们被告知用一秒或两秒的时间放松一下头部、颈部和前臂的肌肉。于是，当他们想要这样做的时候，他们就会突然快速地动一动手指或手腕，并且是自发地这样做——"请让行为冲动以它自己的方式随时出现，不要有任何预先的计划或刻意的关注"。换句话说，当他们"想要"活动手腕的时候，就应该立即动起来，按照自己的自由意志，并重复这一过程 40 次。

与此同时，研究人员测量以下三个变量：

1. **动作开始的时间**：由贴在被试前臂上的电极记录。
2. **"预备电位"**：即在动作开始之前大约一秒缓慢上升的负电位。手腕肌肉会在动作之前收到大脑的指令。预备电位是对指令的提前准备，可以用贴在被试头皮上的电极测量到。
3. **"决定时刻"**：即"想要"执行某种自发性运动的意识出现的瞬间。但这是主观的，只有被试才知道它发生的时间——这要怎么测量？

"决定时刻"

如果要求被试在感受到"行为冲动"的一瞬间喊出"现在"一词,那么必然会出现延迟——反应时间会让一切动作产生延迟,如按下按钮这个动作。

所以,研究人员在被试面前放置了一个屏幕,让一个光点在圆中绕圈移动,每 2.5 秒钟动一下,就像钟面上的指针。屏幕上标有放射状的线以及数字 1 到 12,就像钟面上的数字一样。光点从一个数字移动到下一个数字所需的实际时间约为 43 毫秒。

当被试决定动手腕时,他们会大声说出光点显示的"时间"。结果表明这一方法是高度可靠的,当被要求报告对手背进行轻微电击(按照随机间隔)的时间时,被试的回答一直很精确,并且他们表现出的微小偏差还能被用来纠正他们所报告的"决定时刻"。

预备电位

结果显示的时间范围十分宽泛,但平均来说,预备电位出现在肌肉实际运动前约 1 秒的时刻。行动的决定也出现在实际运动之前。然而,在几百次实验的每个试次中,决定都出现在预备电位之后。平均间隔约为 350ms。

换句话说,大脑在被试"决定"行动以前约三

分之一秒就发起了动作。

李贝特和他的同事记录了这项研究：

"……由结果可以推断，其他相对'自发'的、不按有意识的考虑或计划进行的自愿行为，也可能由无意识进行的脑部活动启动。当我们认为个体可以有意识地发起和控制自发行为时，该考虑到上述推断。"

李贝特的结果表明，有意识的决定可能并不是行为的原因，我们似乎是先自发地做出某件事，然后才去决定我们打算这样做。研究人员甚至提出，人类可能根本没有自由意志。

1985年，李贝特又报告了进一步的实验研究，在实验中，被试被要求在做出决定之后否决该行动。这一次，肌肉没有运动。换句话说，我们有时间行使否决权，所以我们才可以在行为发生之前制止它。

结论

李贝特指出：

"……重要的是，目前的实验结果和分析并不否认'哲学上真实的'个人责任和自由意志。虽然有意识的过程或许是由无意识的大脑活动启动的，但是控制实际行为的意识依旧是存在的。因此，实验结果并非否认了自由意志，而是探讨了自由意志是如何运作的。有意识的否决，或对具体意图下运动行为的阻止的概念，在通常情况下符合某些宗教和人道主义对伦理和个人责任的观点，人们普遍提倡对有意行为的'自

我控制'。在心理学的语境下,'自我控制'将通过'意识选择'来实现,或者说,'自我控制'本身就取决于由无意识发起的最终意志是否在行为中得到实施。"

1984

研究人员：
黛安娜·C. 贝里
唐纳德·E. 布罗德本特

研究领域：
认知，决策

实验结论：
练习、接受培训和将思考过程说出来是最好的组合

"熟"真的能生"巧"吗？

糖厂任务

你通常可以在解决问题之后解释自己是如何做到的吗？贝里和布罗德本特想探究人们如何处理复杂思维任务。我们的表现是否可以通过练习或训练得到提高？我们可以在事后解释所使用的方法吗？

以下是一组实验的简单描述。

糖厂

他们建立了一个管理虚拟糖厂的计算机模型。问题看起来很简单。最初，工厂有600名工人生产6000吨糖，被试的任务是将糖产量增加到9000吨，并且通过改变工人的数量让产量尽可能一直保持在这个数字。可是事实上，计算机运行的是虚假算法，但被试不知道这一点，所以他们不得不通过猜测和直觉来操作。

困难

由于计算机运行的是虚假算法，所以劳动力的产量并不固定。这意味着被试必须在实验的全程加以控制。即使他们早早就达到了9000吨的目标，再次投入同样的劳动力也总是会带来不同的结果。

每次任务中，他们"尝试"或按键的次数是固定的，

产量位于 8000 和 10000 吨之间后剩下的"尝试"次数便是他们的得分。如果他们完全随机地选择劳动力数目，平均得分是 3.4。如果被试得分高于此，这就意味着他们一定在实验中学会了如何控制糖的生产。

你认为他们的得分会比随机数更高吗？他们会因练习而进步吗？

被试被分为 5 组。第一组为 A 组，只有一次 30 次"尝试"的任务。第二组为 B 组，有两次 30 次"尝试"的任务，两次任务依次进行。第三组为 C 组，有两次 20 次"尝试"的任务，但在第一次任务结束之后，他们会得到解决问题的具体培训。第四组 D 组不会得到培训，但是研究人员会在第二次任务时建议他们将思考过程大声说出来，希望他们能够解释自己正在做什么。第五组 E 组，在第一次任务后得到培训，研究人员也会在第二次任务时鼓励他们出声思考。

组	30 次尝试的得分（最高）	
	第一轮实验	第二轮实验
A	8.7	-
B	8.6	16.2

结果

表中为 A 组和 B 组的平均分数。

平均来说，被试的得分比随机得分（3.4 分）要高。显然，他们在实践中获得了进步，因为 B 组在第二轮任务中的得分几乎是第一轮的两倍。所以他们一定学到了解决问题的方法。

他们是如何做到的呢？

在任务完成后，要求被试填写一份问卷，问卷中询问了他们处理问题的方法。

研究人员会按照从 1 分（差）至 5 分（好）的标准为问卷打分。A 组和 B 组的得分只有 1.7 分。换句话说，他们并不能解释他们做了什么。尽管 B 组在执行任务时有了很大改进，但他们的问卷得分并没有明显优于 A 组。此外，一些根本没有完成任务的被试在调查问卷上得分为 1.6，这与那些完成了任务的人几乎一样高。

被试们一定学到了什么，但他们却不能把它表达出来。许多人在实验后的访谈中说，他们基于"某种直觉"来操作，因为"感觉正确"而做出相应的反应。

C 组、D 组和 E 组的结果更加有趣。他们的任务得分较低，因为这三组的被试只有 20 次"尝试"而不是 30 次，但是他们的结果表明练习可以提高产量，因为任务 2 中的得分都高于任务 1。然而培训似乎对 C 组没有效果，因为他们在任务 2 的得分并没有比 D 组好多少。

但是，培训对他们的问卷得分有着惊人的作用：C 组和 E 组问卷得分大概是 A、B 或 D 组的两倍，这意味着他们明白自己是如何处理任务的。

出声思考本身对处理任务或作答问卷都没有太大的影响，但是当与培训相结合时，任务 2 的得分有了显著提高。

结论

1. 调查问卷无法评估个人的表现。

2. 口头训练或许无法令解决任务的表现有所进步。

3. 即使人们会在练习中进步，但他们可能无法解释这是为什么。

有些人将直觉理解为一种神秘的力量或无法解释的能力，但上述实验表明，人们往往会在没有觉察的情况下习得技能。当感觉到哪里不对，或者做出一个没有理由的选择时，你就是在使用这种直觉。

组	20 次尝试的得分		问卷得分
	第一轮实验	第二轮实验	
C（经过培训）	4.7	7.0	3.6
D（将思考过程说出来）	4.5	6.7	1.6
E（经过培训+将思考过程说出来）	5.2	13.3	3.4

自闭儿童眼中的世界是怎样的？

"心理"理论

1985

研究人员：
西蒙·巴伦-科恩
艾伦·M.莱斯莉
乌塔·弗里思

研究领域：
发展心理学

实验结论：
自闭症儿童不能"看见"其他人的思维

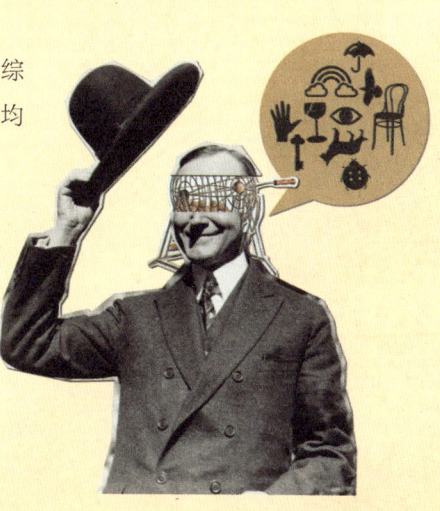

　　自闭症是一种罕见的疾病，10000 名儿童中约有 4 名会患有自闭症。自闭症儿童表现出许多异常，尤其是语言与非语言交流的巨大困难。这是阻碍他们适应社会环境的主要原因之一，他们无法发展社会关系。换句话说，自闭症儿童会"用对待物体的方式对待人"。

　　科恩和他的同事想要探究自闭症儿童能否理解他人的需要、感受或信念，这种能力被称为"心理理论（TOM: theory of mind）"。大部分儿童在三至四岁开始出现心理理论。但研究人员却发现自闭症儿童不会玩假装游戏[1]，哪怕是那些有着高智商的患儿。所以他们预测，自闭症儿童不会有心理理论。

　　他们对比了 20 名自闭症儿童、14 名唐氏综合征儿童和 27 名非自闭的学龄前儿童，年龄均在 3.5 至 6 岁。自闭症儿童的平均心理年龄高于唐氏组和正常组。自闭症组的平均 IQ 为 82，唐氏组的平均 IQ 为 64。

---

1 假装游戏是一种常见的儿童游戏形式，通常包括角色扮演、对象替换和非标准行为，如过家家。儿童必须拥有将现实与幻想区分开的能力才能进行假装游戏。

实验

每个孩子依次与两个娃娃扮演一则名叫《萨莉和安妮》的小故事。首先,他们给娃娃取名字,并询问孩子们哪个娃娃是萨莉,哪个娃娃是安妮。所有的(61个)孩子都答对了。

然后他们开始用娃娃做游戏。萨莉把玻璃弹珠放进她的篮子里,然后她走了,安妮拿起玻璃弹珠,把它藏在箱子里。接着研究人员提出了最为关键的有关错误信念的问题:"当萨莉回来时,她会去哪里找自己的玻璃弹珠?"如果孩子们指向篮子,这就代表他们能够意识到萨莉现在有一个错误的信念,于是他们便通过了错误信念问题。然而,如果他们指向箱子,那么他们没有通过这一问题。回答错误的儿童知道玻璃弹珠被藏在箱子里,但他们无法理解萨莉不知道。

实验者重复了整个过程,但这一次他们将玻璃弹珠放到了自己的口袋里。

在每个场景之后,实验者都会提出两个问题。

"现实"问题:"玻璃弹珠到底在哪里?"
"记忆"问题:"玻璃弹珠最开始在哪里?"

所有的孩子,全部回答正确。他们知道玻璃弹珠现在在哪里,他们也记得它一开始在哪里。

当被问及"萨莉会去哪儿找自己的玻璃弹珠"时,孩子们的回答开始出现了差异。85%的正常儿童回答正确——他们指向了萨莉娃娃的篮子,86%的唐氏综合征患儿也这样做,但只有20%的自闭症儿童给出了正确回答。

作答正确的四个自闭症儿童似乎与组内的其他自闭

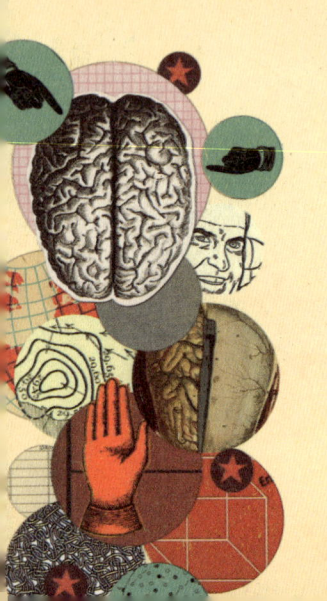

症儿童没有什么不同,他们有同样的平均年龄和心理年龄。每个孩子都正确地回答了控制问题,所以他们都明白发生了什么,他们知道(并相信)在萨莉离开后,玻璃弹珠被放到了别的地方。

于是研究人员得出结论:

"实验结果表明,他们(正确回答错误信念问题的儿童)一定意识到了自己的所知,即玻璃弹珠实际上在哪儿,和属于娃娃的所知是不同的。也就是说,他们根据娃娃的信念预测了娃娃的行为。

大部分自闭症儿童通过一直指向玻璃弹珠的实际位置来回答问题。他们不只是指向一个'错误'的位置,而是指向弹珠的实际位置……可见,自闭症儿童不明白自己所知和娃娃所知之间的差异。

我们的结果验证了自闭症儿童组无法使用心理理论的假设。我们将此解释为他们缺乏描述心理状态的能力。自闭症被试无法理解他人的信念,所以他们在预测他人的行为时处于严重的劣势。

通过实验,我们发现了一种认知缺陷。这种缺陷在很大程度上独立于一般的智力水平,并可以解释自闭症儿童之间假装游戏的缺乏,以及由限制性认知障碍而引起的社交障碍。"

另一方面,研究人员认为,四名作答正确的自闭症儿童(两个版本的故事中均作答正确)或许拥有使用心理理论的能力,能够参与假装游戏,并且在形成社会关系方面有较少的困难。

如今,萨莉-安妮测试已被广泛用于儿童心理理论及其与社会交往和同理心的关系的研究。

1988

研究人员：
伦道夫·C. 伯德

研究领域：
社会心理学

实验结论：
伯德的数据在某种程度上表明祷告确有益处

祈祷可以治愈病痛吗？

对代祷的研究

你生病时希望别人为你祈祷吗？伦道夫·C. 伯德认为："尽管人们祈祷的对象在全世界各不相同，但通过祈祷寻求帮助和治疗几乎是存在于所有社会中的一个基本概念。"

1872年，弗朗西斯·高尔顿发表了关于神职人员祷告效力的研究，但他并没有得到正面的结果。

科学界一直缺乏证明祷告效用的确凿证据，于是伯德开始了他的研究。在旧金山总医院的冠心病护理部门，他询问了450名患者是否愿意在住院的同时接受他人为自己祷告，有393人同意了。

他将患者随机分成两组，192人获得了代祷，201人没有。他、患者自己以及医护人员都不知道谁在哪个组中。

代祷

代祷者都是"经过洗礼的基督徒……有积极的基督教式生活，具体表现为每日虔诚地祷告并且与当地教会保持活跃的团契[1]"。接受代祷组中的每名患者配有3到7名代祷者，代祷者会被告知患者的名字、得到的诊断以及基本的情况。

---

1 团契，即伙伴关系，源自《圣经》中"相交"一词，意思为相互交往和建立关系，是指上帝与人之间的相交和基督徒之间相交的亲密关系。广义的团契可指教会和其他形式的基督徒聚会。

祷告每天在医院外进行，一直持续到病人出院。每名代祷者被要求每天祈祷患者可以尽快康复，并预防并发症和死亡的发生。

医院记录提供了30多项与患者病情相关的不同指标，但总体来说，代祷组与对照组的基本情况在刚住进医院时并没有出现显著的差异。

住院诊治过程"……只有当患者的发病率或死亡风险以最小的幅度增加时，才会被评为好。如果出现了更高的发病率和一定的死亡风险，住院诊治过程便被评为中。如果患者面临最高的发病率和死亡风险，或者在住院期间死亡，那么住院诊治过程便被评为差"。

结果

在代祷组中，85%患者的住院诊治过程被评为好，而在对照组中为73%；1%的代祷组患者的住院诊治过程被评为中，对照组中为5%；14%的代祷组被评为差，对照组中为22%。

结论

伯德的结论是：

"祷告组出现较少的充血性心力衰竭，对利尿和抗生素治疗的需求较低，肺炎发作较少，心脏骤停较少，插管和通气的情况较少……

所以接受代祷组总体呈现更好的结果……基于这样的数据，我们似乎可以观察到一个效应，并且该效应看上去是有益的。"

另一方面，一些评论者对此持有怀疑态度，理由是在患者的30项不同指标中，仅有6项指标呈现了积极结果，其中一名评论者认为伯德犯了"神枪手谬误"[1]。

许多后来的实验试图重复伯德的结果，但得到的积极证据很少，或基本没有。2006年，赫伯特·本森报告了庞大的包括了1802个冠状动脉旁路移植手术病例的STEP项目（对代祷的治疗效果的研究）。

住院诊治过程的质量		
等级	接受代祷组 （192名患者）	对照组 （201名患者）
好	163	147
中	2	10
差	27	44

患者被分为三组：A组（604人）被告知，他们可能会或可能不会得到祷告——但他们实际上都得到了代祷。B组（597人）也被告知，他们可能会或可能不会被代祷，但实际上他们没有得到祷告。C组（601人）被告知他们会得到他人的祷告。祈祷行为从他们手术的前一天开始，持续了14天。

本森发现，在一个月内，A组中52%的患者出现了主要并发症，一些死亡，同样的情况B组中占51%，C组中占59%。换言之，知道祷告存在的患者比其他人的结果更糟。这也许是因为"表现性焦虑"，他们害怕自己会辜负祈祷者，从而承受了巨大的压力。

---

[1] 在大量的数据／证据中挑选对自己观点有利的，而不使用或忽略对自己不利的数据／证据，就像先开枪，再在子弹击中的地方画上靶心，假装自己是神枪手。

你脸盲吗？

中风后出现的面容失认症

你能想象识别羊脸比分辨人脸更容易吗？中风之后，一些人会患上面容失认症（也称为"脸盲"），即无法识别其他人的面部。另外，还有一些在一生中一直被面容失认症所困扰的人，他们总会遇到面部识别的麻烦。

识别能力的缺失会扩散到其他方面。一名患有面容失认症的野鸟观察家不能再辨认鸟类，一名农民无法认出自己的牛，另一个人可以认出自己的牛和狗，但无法识别出人的面孔，等等。W.J. 在数次中风后患上了严重的面容失认症，不再能识别人类的面孔，麦克尼尔和沃灵顿与他合作，进行了相关研究。

当他们给 W.J. 进行测验时，W.J. 只能从 12 张著名的面孔中识别出 2 个，但这也耗费了他很大的精力。他无法判断照片中人的年龄、性别和面部表情。然而，他在辨认知名建筑物、狗、汽车和花卉的品种时拥有 95% 的准确率。

并且，他还声称自己可以通过辨认羊的面孔来认出他自己的羊。

认羊？

W.J. 养了一群绵羊，羊的耳朵里有

1993

研究人员：
简·E. 麦克尼尔
伊丽莎白·K. 沃灵顿

研究领域：
社会心理学

实验结论：
有时候识别羊脸比认人更容易

塞巴斯蒂安

皮科尔斯

莱迪

区别身份的数字标签。当研究人员向他展示16只羊的特写照片（图片中省略了耳标）时，他能够识别其中的8只，同时也清楚地知道剩下的一些，因为他曾经说过："我很了解这只羊，它是去年生了三只羊羔的那只，但我不记得它的号码了。"显然，他更擅长识别羊的脸，而不是人的。

为了避免必须记住数字的问题，研究人员安排了一个不同的识别测试。他们以三秒钟的间隔呈现8张羊脸的照片，只询问它们是否是愉快的羊。然后，他们又呈现了16张照片，是之前的8只羊再加上另外8只，按照随机的顺序排列，并在每次询问W.J.照片中的羊是否是第一轮的8只中的一只。研究人员对另外两名养羊的人和五个农民进行了同样的测试，他们说，羊看起来都长得一样，辨认它们几乎是不可能完成的任务。

但W.J.同样出色地完成这个识别绵羊的测试，虽然他在辨认人脸上表现得很糟，基本完全靠猜测（他的准确率只有50%，和碰运气得到的分数一样）。

作为进一步的测试，他们再次进行了相同的实验，但使用了W.J.不熟悉的另一品种的羊的照片。得到的结果与之前相似，虽然不像之前那么令人震撼。

研究人员又试了一次。他们出示了不熟悉的羊的6张照片，给每只取了一个看似合理的名字。然后，他们按照随机顺序呈现照片，并要求他在照片出现时回答出正确的名字。他们又用6张人脸和名字做了同样的实验。再一

	W. J.	农民	羊主人
	识别正确率（百分数）		
熟悉的羊	87	66	59
不熟悉的羊	81	69	63
人类	50	89	100

次，W.J.在识别人类时表现得很差，但是当辨认羊时，他的成绩远超过了对照组。

	W.J.	农民	羊主人
	识别正确率（百分数）		
人类	23	71	78
羊	57	41	55

W. J.是在中风后买来的绵羊，因此，他在无法识别人类的面孔的同时学会了识别羊的面孔，这一事实令研究人员感到困惑。他们探讨了 W.J.究竟是如何做到这一点的：

"他的脑中或许形成了一个羊的'原型'，这使他可以将羊的面部特征有效编码。然而，令人惊讶的是，他的能力似乎扩展到与之前的品种看起来完全不同的其他品种的羊。也许更为重要的发现是，W.J.已经完全无法克服自己的面容失认症……他似乎无法在人类身上运用所习得的辨认绵羊的技巧。"

1994

研究人员:
达里尔·J. 本姆
查尔斯·汉诺顿

研究领域:
社会心理学

实验结论:
汉诺顿的测试表明,读心术或许是存在的,但他的结果还没有得到可靠的验证

超感知觉真的存在吗?

找出超能力的证据

达里尔·J. 本姆和查尔斯·汉诺顿知道他们正在进行的研究是一场艰难的战斗。大多数心理科学家认为超自然现象根本不存在,而且哪怕是相信其存在的人们也无从得知它的运行机制。

超感知觉(ESP)

20世纪30年代,在北卡罗来纳州杜克大学,约瑟夫·邦克斯·莱因斯和他的妻子路易莎进行了对 ESP 的首次正式研究。他们使用了同事卡尔·齐纳设计的一副特殊的牌。

这副牌共有 25 张,其中每种类型 5 张。洗牌和切牌之后,被试必须在发牌之前猜测牌是什么。按照完全随机的概率,被试应该在每五次中猜中一次,或者达到 20%。莱因斯的一些被试获得了比这高很多的分数,但是实验结果很难得到重复。1934 年,莱因斯出版了一本名为《超感知觉》的书,这就是 ESP(Extra-Sensory Perception)一词的来源。

"全域测试法"和"自动全域测试法"

达里尔·J. 本姆和汉诺顿的基本实验设计为,"发送者"观看一段小短片——即"目标"——并试图把短片的内容与图像发送给"接收者"。发送者和接收者都是单

独隔离的，两人之间无法有任何联络。

　　半小时后，一名研究人员进入接收者所在的房间，为其呈现四段可能的短片。接收者需要根据在刚才半个小时内接收到的内容与图像来猜测哪一段短片是所谓的发送者观看的"目标"。

　　据说，在放松和冥想时更容易出现心灵活动，于是汉诺顿发明了一种方法，他称为"全域测试法"（Ganzfeld）。接收者舒适地躺在躺椅上，耳机中播放着像波浪一样的白噪声。他们的眼睛上盖着半个乒乓球，用温暖的红光照亮。

　　当发送者"发送"信息时，接收者不断地谈论头脑中出现的想法和图像，接收者所说的都会被记录下来，以用于以后的分析。

　　初始的"全域测试法"实验受到了质疑，人们认为实验中可能存在感官泄露或作弊。为了使批评之声平息，汉诺顿重新精心设计了"自动全域测试法"（Autoganzfeld），自动程序应该可以消除任何存在的问题。他用电脑在短片库里的80段剪辑中选择出一段，并反复播放给发送者。

　　在实验快结束时，一名研究人员拿掉放在接收者眼睛上的乒乓球，关掉了红色的灯光和白噪声，并打开电视机。电脑按照完全随机的顺序播放选中的短片和三段额外的短片，接收者要猜测哪一个是发送者观看的"目标"。接收者观看短片的次数不受限，也可以随时改变他们的答案。

　　接收者的最终回答被保存在计算机上，发送者随后进来讨论结果。直到此时，与接收者坐在一起的研究人员才知道正确答案是哪个。

结果
-

如果完全依靠碰运气，接收者的正确率应该达到四分之一，因为存在四个选项，其中之一是发送者观看的"目标"。因此，任何显著高于25％的分数都可以算作心灵感应存在的证据。

这项大型的研究共有240名被试，其中的大多数是ESP的坚定信徒。他们参加了329次测试，有106次回答正确，正确率为32％，比预期的25％高出很多。

为了探究艺术人士是否更擅长心灵感应，研究人员招募了来自茱莉亚学校的十名男学生和十名女学生——其中有八名音乐生、十名戏剧生和两名舞者。这组被试每人参加了一次测试，并平均取得了50％的超高分数。

结论
-

达里尔·J.本姆和汉诺顿认为他们首次科学地证明了ESP的存在。二人发表的论文是主流心理学杂志接受出版的首篇超常论文之一。

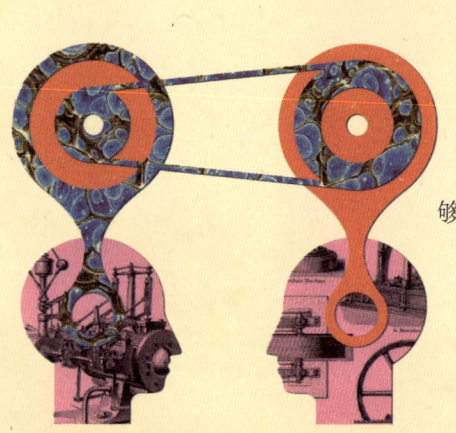

然而，遗憾的是，在研究得到重复之前，汉诺顿的实验室由于缺乏资金被强制关闭，并且，汉诺顿本人在论文通过审核的九天之前去世。之后，再也没有一个人能够得到如此显著的实验结果。

为什么你总是找不出不同之处？

奇怪的变化盲视

1995

研究人员:
丹尼尔·J. 西蒙斯
丹尼尔·T. 莱文

研究领域:
感知觉

实验结论:
我们有时会忽视眼前的事物

有时只要有一点点分心，人们就无法发现眼前场景出现了实质性的变化。"变化盲视"由英国心理学家苏珊·J. 布莱克莫尔和她的同事在 1995 年首次发现。他们在论文中证明，当你看两张展现几乎相同的场景的图片，并且这两张图片交替出现，由一个简短的闪烁或空白间隔开，或者它们处于屏幕上的略微不同的位置时，你几乎不可能注意到从一个到另一个的实质改变。实验中使用的都是二维图片。

同年晚些时候，美国实验心理学家西蒙斯和莱文试图用短视频在三维上进行相同的实验。在其中一个视频中，一名演员走过一间空教室，坐在椅子上。镜头被切换到一个特写，随后，另外一名不同的演员完成了表演。即使两名演员很容易被分辨开，但是 40 个被试中只有 33% 的人注意到了视频中发生的变化。

在现实世界中

西蒙斯和莱文决定在现实世界中测试这个发现，他们想要知道当被试积极地与研究人员互动时，变化盲视是否仍然存在。

一名研究人员在康奈尔大学校园里拿着一张地图，

找一个毫无戒心的路人询问前往图书馆的路线。在研究人员和路人交谈了10或15秒后，两个扛着门板的研究人员沿着人行道走向他们，粗鲁地从他们之间穿过。

就在门板经过的时候，第一名研究人员抓住门板背面走掉，另外一个人松开手留了下来，代替他继续询问路人前往图书馆的路线。

第二名研究人员有一张相同的地图，但穿着不同的衣服。指路结束后，研究人员会说："我们正在做一项心理学实验……有关于人们对现实世界中事物的注意力。一分钟前那扇门板经过的时候，你是否注意到了什么不寻常的事情？"

如果被试回答没有注意到任何变化，研究人员会直接问他："你有发现我和最初来向你问路的人不是一个人吗？"

实验共包含15名路人被试，有男有女，年龄从20岁到65岁不等。当被问及他们是否注意到了任何变化，大多数人的回答是认为扛着门板的人很粗鲁，其中的8名被试——超过了总数的一半——没有注意到换人了。他们只是继续交谈,并惊讶地得知,问路的人已经在中途被其他人替换了。

有趣的是,那些注意到变化的人都与实验者处于相同的年龄范围(20~30岁),而老年人不太能注意到变化。研究人员推测,这可能是因为年轻的路人在分辨与自己处于相同年龄段(内群体)的人时会花更多时间留意对方的特征。

实验2

为了证实这一假设,他们再次进行同样的实验,测试不知情的路人,但这一次,研究人员打扮成了建筑工人——实验地点附近有一个建筑工地——并且穿着明显不同的衣服。

他们只搭讪年轻(20~30岁)的路人,这次的12个人中只有4个人注意到了问路者的变化。

或许即使两名研究人员穿着完全不同的衣服,行人们也只是把他们看作"建筑工人"——即外群体,因此不值得留意。研究人员写道:"一名被试说,她刚刚只是看到了一名建筑工人,并没有记住他的个人特征……即使研究人员处于注意的中心,但她也没有对视觉细节进行编码,并在两个视图之间进行比较。她只是在脑中形成了一个关于类别的表征。"

西蒙斯和莱文承认上述实验是建立在洛夫特斯和巴特莱特的研究成果之上。除此之外,他们还论证了人们通常不会注意到场景的变化,哪怕他们在当时积极参与其中,并且发生改变的事物位于场景的中心。听说了这一实验后,50名学习普通心理学的学生都坚持认为他们可以注意到改变。这就是所谓的"对变化盲视的盲视"。

1998

研究人员：
马尔塞洛·科斯坦蒂尼
帕特里克·哈格德

研究领域：
感知觉

实验结论：
人们有时会错认自己的身体部位

这只假手是你的吗？

"橡胶手幻觉"

请把你的手放在面前的桌子上，再按相同的方向并排放一只假手（比如充了气的橡胶手套）。把自己的手藏起来，再让一个人以同样的方式同时抚摸你的手和橡胶手，你可能会突然觉得那只橡胶手是你的手。匹兹堡大学的两位精神病科医生马修·伯特维尼克和乔纳森·科恩，在 1998 年最初发现了这种错觉。

我们都能感受和看到自己的身体，并拥有身体感知觉，即心理学家所探讨的身体图式和身体意象。身体图式是我们闭着眼睛时所感受到的身体模型，它让你可以四处走动而不会被撞倒，因为你知道自己的四肢在哪里，这便是所谓的"本体感受"。

身体意象是关于身体的有意识想法，包括从外界看去身体是怎样的。身体意象与身体图式共同构成自我意识的一致基础。

美国研究人员马尔塞洛·科斯坦蒂尼和帕特里克·哈格德想进一步探究这一概念，并试图了解我们的身体经验主要来自于内部（意向）还是外部（形象）。

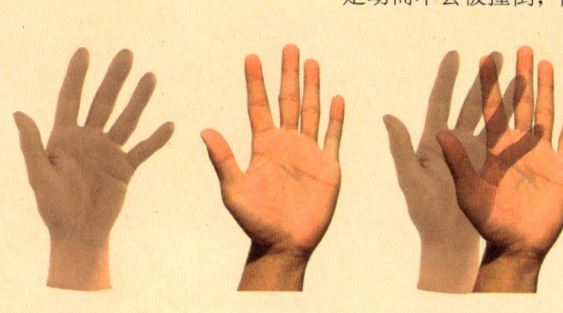

实验过程

被试（由13名男性和13名女性组成，平均年龄28岁）坐在桌前，把手臂平放在前方，手掌朝下。被试只能看见橡胶手而非自己的手。橡胶手与人手并排摆放，距离12英寸（30厘米）远。

在计算机的控制下，1毫米的笔刷同时触碰人手和橡胶手相同的位置。因为被试可以看到并感觉到触碰，他们典型的反应便是被矛盾的视觉和触摸信号所困惑，于是，他们认为橡胶手"感觉像是我自己的手"。

一个结果是，被试认为自己看不见的手距离橡胶手比实际情况更近。这被称为"本体感受漂移"，因为被试通过本体感受来判断自己的手所处的位置——这是身体意向的一部分。被试需要估测橡胶手和他们感觉到的自己的手之间的距离，如此一来，研究人员便可得知错觉的作用有多大。在最极端的情况下，被试感觉自己的手与橡胶手的距离比实际情况要近几英寸，这代表了"本体感受漂移"的程度。

研究人员进行了下一步探究，改变了笔触的角度和手的摆放角度。被试分为两组。首先，他们把橡胶手和真手并列排在一起，然后用笔刷从手背刷到中指。这是基线。

第一组中，研究人员触碰的是真手，第二组触碰橡胶手。他们假设错觉在第二组中消失得更快，因为被试更容易通过视觉观测到角度的变化，而不是本体感受。

第一次操作改变了笔刷触碰手的角度。接着，研究人员旋转了手，并在同时保持触碰的相对角度不变，一直"以手为中心"。最后，他们旋转了手，但笔触不变，依旧是基线水平的角度。如果被试感觉到在手中心区域的抚摸，那么他们的感受没有匹配，但是如果被试感觉触碰位

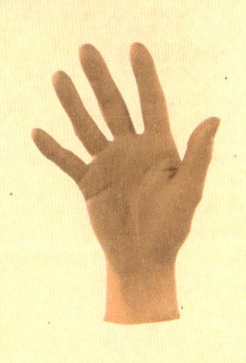

于"自我"空间以外，则达到了匹配。

保持错觉

在本体感受组（旋转了真手的组），在旋转角度为10度时，错觉有一点儿消退，当旋转角度为20度和30度时，错觉的消退更显著。然而，在视觉组中（旋转橡胶手的组），仅仅10度的不匹配都完全消除了错觉。换言之，挪动被试视线所及的橡胶手，产生的效果比挪动真手更大。

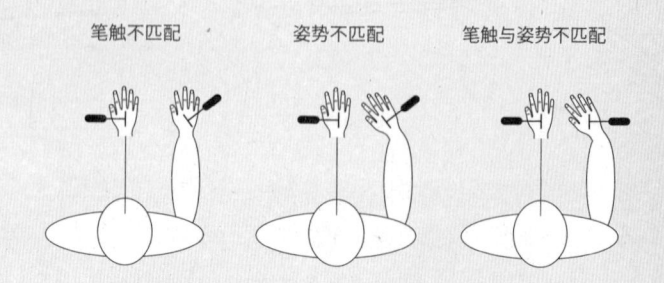

笔触不匹配　　　　姿势不匹配　　　笔触与姿势不匹配

上面的第一张图中，相对于被试和手而言，笔触是歪的。在第二张图中，对于被试而言，手和笔触都是歪的，但是，相对于手来说，笔触不是歪的。在第三张图中，手是歪的，并且相对于手，笔触是歪的，虽然相对于观察者来说笔触不是歪的。

鉴于第三种条件造成了橡胶手幻觉（Rubber Hand Illusion）最显著的变化，研究人员总结道，对触碰的感觉是以手为中心的。

研究人员得出结论："大脑会维持一个基于'本体感受'的内部身体表象，该表象使用的参考框架来源于被刺激的特定身体部分。"

换句话说，当你的手被触碰时，你的感觉是以手为中心的，而不是以身体为中心。

为什么我们无法挠自己的痒痒？

寻找怕痒的答案

2000

研究人员：
萨拉 - 杰恩·布莱克莫尔
丹尼尔·沃尔珀特
克里斯·弗里思

研究领域：
神经心理学

实验结论：
挠痒与精神分裂症存在某种联系

我们可以很容易地分辨出由自己的动作而引起的感觉和由其他事物引起的感觉之间的差异，比如推和被推之间的显而易见的差别。科学家认为，这是因为当我们做一件事时，大脑会发送给肌肉采取行动的信号，并在同时提供预先的提醒，这被称为"传出副本"，即代表相关行动将要发生，所以当我们在推动东西前伸出了自己的手臂，我们并不会惊讶。换而言之，如果我们没有得到预先的提醒，我们看到自己的手臂伸出去时会感到惊讶。

当你转动头部或眼睛去看东西的时候，预先提醒意味着你可以分辨出你所看的事物究竟在哪里。

双眼睁开，尝试用手指轻轻按压在外眼角附近的眼睑上。从被按压的那只眼睛看出去，世界开始旋转。这是因为大脑没有收到眼球即将运动的提醒，所以无法处理它接收到的图像。

因此，在正常状态下，一切运动都有前瞻性计划，以便于确认按计划进行，或者在必要的情况下进行调整。前瞻计划和确认反馈可以用于减弱或阻碍由运动引起的感觉。

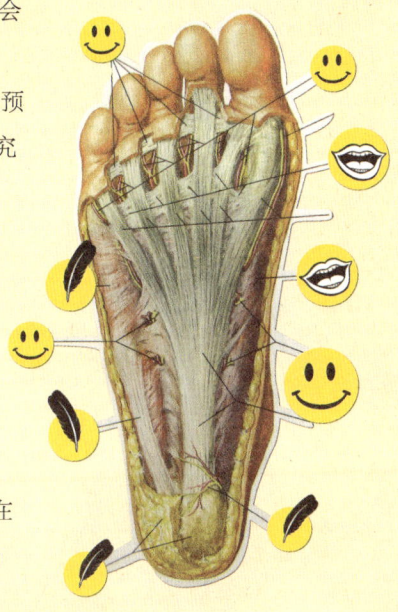

163

挠自己的痒痒

我们没办法挠自己的痒痒。尽管你可以感觉到它，但并不是很痒。研究人员认为，前瞻计划不仅提醒了我们在皮肤上会有轻柔的触碰，而且还告诉我们触碰会在何时何处发生，并自动地减弱了我们的感觉。

为了验证假设，研究人员要求 16 名被试伸出他们的右手来感受挠痒，并给由一块软泡沫造成的痒度打分。泡沫以每秒两次的速度，8 字形在手掌上移动 0.6 英寸（1.5 厘米）。泡沫连接在机器手臂上。

首先由机器臂执行所有的行动，被试都觉得很痒，并在痒度评级中打了 3.5 分。然后，通过使用左手旋转第二个机器臂上的旋钮来将运动传输到第一个机器臂，被试自行移动泡沫，所以被试完全控制了运动。

实验的精妙之处在于，研究人员能够通过延迟运动来引入变化，这使得运动确实由被试发起，但会有一秒钟的延迟，或者，研究人员可以改变运动的方向，所以当被试想按照从北向南移动泡沫时，泡沫的移动路径按顺时针偏移，即从东北走到西南，再从东走到西。

结果

被试说，与被机器手臂挠痒相比，（通过机器手臂）挠自己的痒痒并没有太大感觉（痒度约 2.1 分），但是，当自我挠痒的动作被延迟或扭曲时，感觉变得越来越强。当动作延迟了 300 毫秒（近三分之一秒），或从南北向东西方向扭转 90 度时，造成的痒度几乎与机器手臂一样强。以上结果支持了如下假设，即当你试图给自己挠痒

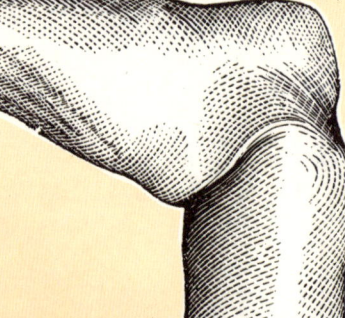

时，感觉会被自发运动的前瞻性提醒削弱。在动作没有任何延迟或扭曲的情况下，痒度会减少近50%，但如果延迟或扭曲越大，前瞻性提醒就越不准确，你就会觉得越来越痒。

与精神分裂症的联系

这种对于动作的前瞻性提醒和确认的缺失可能会引发精神分裂症。精神分裂症的一个常见症状便是幻听。这可能是由内部生成的缺少了前瞻提醒的语音或思想导致的。另一个常见的症状被称为"被动行为"。例如，精神分裂症患者可能会感觉到他们自己的一些行为被其他人控制："我的手拿起了笔，但我无法控制它们。它们所做的事与我无关。"同样，如果缺少了前瞻性提醒，便会发生上述情况。

挠痒和精神分裂症之间真的有联系吗？为了弄清这一点，研究人员对精神分裂症、双相情感障碍和抑郁症患者进行了挠痒测试，并将其分为两组。A组的15名患者均有听幻觉（听觉障碍）或被动行为。B组23名患者均无这些症状。C组为15名健康人。

每个人都伸出自己的右手，被研究人员或自己的另一只手挠痒。B组和C组的所有人都说，当挠自己的痒时，感觉不那么强烈，不是很痒也不想笑。然而，A组患者说，被自己挠痒与被研究人员挠痒感觉一样。

这表明，幻听和被动行为可能与患者缺乏对运动的重要的前瞻提醒有关。

2001

研究人员：
维莱亚努尔·S. 拉马钱德兰
爱德华·M. 哈伯德

研究领域：
感知觉

实验结论：
一些人的感官体验是互通的

你能品尝出数字 7 吗？

神奇的通感

一小部分人，一千人中或许有一个，会经历奇特的感官混合体验。他们能够像听到独特的音调那样听到数字，品尝字母，并且看见周一到周日的颜色。

这是一个真实发生的现象，还是只是想象？

弗朗西斯·高尔顿最初在 1880 年描述了这一现象，但是一个多世纪以来，科学家们出于多种原因拒绝承认这个概念：

1. "通感者"是疯子。这一现象由亢奋的幻觉所引发。

2. 他们只是回想起了童年记忆，比如看到书上的彩色数字，或玩彩色的冰箱磁铁。

3. 当时他们正处于模糊、主题游离的谈话中，或只是使用了隐喻的修辞手法，就像我们在一些时候会说"苦瑟的寒冷"或"尖锐的奶酪"。

4. 他们是沉迷于毒品的"迷幻药瘾君子"或"酸迷"[1]。这一假设并不荒谬，因为迷幻药使用者经常在药物起效时，以及药效过去很久之后报告自己出现了通感。

拉马钱德兰和哈伯德认真地思考了这些说法，并决定对其进行研究。他们设计了精巧的实验来探究通感是否

---

[1] 酸迷（acid junkies），即沉迷于迷幻豪斯摇滚乐（acid house，一种舞曲形式）的人，其迷幻的音乐效果与当时的俱乐部药物文化很好地吻合，后传入了英国，在 20 世纪 90 年代短暂流行，后被锐舞音乐（rave music）取代。

仅取决于视觉系统，而非想象力或记忆。以下是其中的两个实验。

通感者是如何看的

他们给被试们展示了排成正方形的数字 2 和 5，如右图所示。你能在图里找到一个由 2 组成的三角形吗？

如果你不是一个通感者，这可能需要花费你几秒钟的时间，但如果对于你来说，2 和 5 是不同的颜色（如下一页所示），那么三角形应该会立刻跳出来。这正是通感者所看到的。对于这种事，他们无法伪装。

通感者说，用"错误"颜色打印出来的字母或数字是丑陋的。"他们经常报告一些古怪或奇异的颜色，他们只有在这些颜色与数字相关联的时候看到它们，而不能在现实世界中看到。我们甚至发现，一名色盲的被试只有在看到数字的时候才能看见相应的颜色"。

研究人员记录道，在人类和猴子的大脑中，负责处理颜色的区域被称为梭状回，紧邻处理视觉字母和数字的区域。通感最常见的形式是看到彩色的字母和数字。因此，他们提出假设，即通感是由这两个脑区的"串线"所引起的。

他们进一步提出，由于通感是家族性的，"单个基因突变导致了不同脑区之间的联结过密，或造成了联结的缺陷。因此，每次代表数字的神经元被激活时，可能存在对应的颜色神经元被激活"。

自上而下的影响

拉马钱德兰和哈伯德给通感者展示了罗马数字 Ⅳ。当 Ⅰ 和 Ⅴ 看起来像字母时，通感者看见了对应字母的颜色，而非预期的数字四的颜色。

这些现象暗示了通感可以被自上而下[1]影响调节，显然，在颜色出现之前，大脑内部发生了一些"处理过程"。

结论

在一份长篇理论性论文的结尾，拉马钱德兰和哈伯德写道："尽管通感已经出现了 100 多年，但人们依旧认为它是某种灵异现象。它被当作奇人异事看待……终于，我们的心理物理学实验首次证明了通感是一个真正的感觉现象。"

他们推测，对通感的研究可能有助于我们了解隐喻和艺术创造的神经学基础：

"如果经常使用多种方式进行表达，那么引发梭状交叉的突变可能会导致更广泛的脑区交叉。（这便可以）解释为何通感多出现于艺术家、诗人和小说家之中（他们的脑区可能存在更多的交叉，这赋予了他们更多使用隐喻的潜能）。"

---

[1] 即自上而下加工，是人在知觉过程中对信息加工的一种方式，指知觉者习得的经验、期望等引导着知觉者在知觉过程中的信息选择、整合和表征的建构。

如何能神游太虚之境？

灵魂出壳背后的科学原理

2007

研究人员：
锡格纳·伦根哈格
泰杰·塔迪
托马斯·梅辛革
奥拉夫·布兰克

研究领域：
感知觉

实验结论：
不存在证明"出体体验"的确凿证据

显然，每十人中就有一人至少有过一次"出体体验"（OBE: Out of Body Experiences）。在典型的"出体体验"中，人们感觉到他们已经离开自己的肉身并且可以从身体外部看到世界——通常是从靠近天花板的位置向下看。"出体体验"可以引发富有戏剧性的濒死体验，例如，有过心脏病发作经历的患者说，他们曾看见过医护人员试图复苏自己的场景。

有些人害怕自己无法重新回到躯体中，然而事实上，维持"出体体验"十分困难，因为它通常只持续几秒钟或几分钟。还有一些人享受"出体体验"，于是，他们尝试诱发它的出现，例如徘徊停留在睡着之前的瞌睡状态，或通过服用药物，如可以诱发"出体体验"的氯胺酮等。

据称，托马斯·爱迪生在发明期间遇到困难时，会故意进入这种催眠状态。他会手拿小桶坐在椅子上，同时把一枚硬币放在自己的头顶。当他因瞌睡而点头时，硬币便会落入桶里，在他的肉体睡着的情况下唤醒他的精神。"出体体验"的先驱，西尔万·马尔登，曾在竖直举起前臂的状态下入睡，企图在前臂落下时他可以进入"出体体验"。

心理学现象还是超自然现象？

那么问题来了，当"出体体验"发生时，是否有什么东西真的离开了身体?

许多文化中都有关于灵魂或精神从身体分离，甚至在肉身死后永生的说法。比如灵魂投射理论，根据这个学说，我们可能有"细微身"，细微身中包括星光体，它可以离开物理概念上的家，投射到星芒层。然而，没有可靠的证据证明星光体或星芒层的存在。许多有过"出体体验"的人声称自己能够在远处看到它们，但仍没有可靠的支持证据。

2002年，一名瑞士神经外科医生发现大脑中有一个可诱发"出体体验"的区域，于是大量有关"出体体验"的科学研究骤然爆发。一些涉及了脑科学，一些运用了虚拟现实，例如锡格纳·伦根哈格和她在苏黎世的同事所做的实验。他们试图利用"橡胶手错觉"来人为诱发"出体体验"。他们邀请被试进入了一个虚拟现实的世界。

实验 A

被试佩戴着头戴式显示器（HMD），站在房间的中间。摄像机安装在后面2米高的三脚架上，并将被试背后的图像传送到HMD中。于是，被试便会在面前2米处看到自己背后的三维图像。然后，由一名研究人员抚摸被试背部一分钟，于是，被试感觉自己的背部被抚摸，并同时看到事情的发生，研究人员诱使被试相信他们看到了自己站在2米以外的样子。当虚拟抚摸与实际动作不同步时，效果大大减弱了。

在抚摸结束之后，被试被立刻蒙上眼睛，并被要求回到原来的位置。正如预测的那样，被试们向前移动——即朝向虚拟身体的位置。如果抚摸是同步的，这种"本体感受漂移"平均可以达到9.5英寸（24厘米）。但如果抚摸没有同步，效果只能达到一半。

实验 B 与实验 C

随后，研究人员将一个假人放在摄像机的前面，距被试 2 米处。然后他们抚摸被试和假人。因此，被试会看到，在他们面前 2 米处，一个假人与自己同时被抚摸着背部。只要抚摸是完全同步的，被试就会觉得他们看的是自己，就像他们之前在实验 A 中一直看着自己身体的图像一样。此外，当被蒙住眼睛时，被试向前走，并表现了更多一些的本体感受漂移。

然而，当假体被一个盒子代替时，被试不再相信他们看的是自己的身体，并且几乎没有表现出任何本体感受漂移。

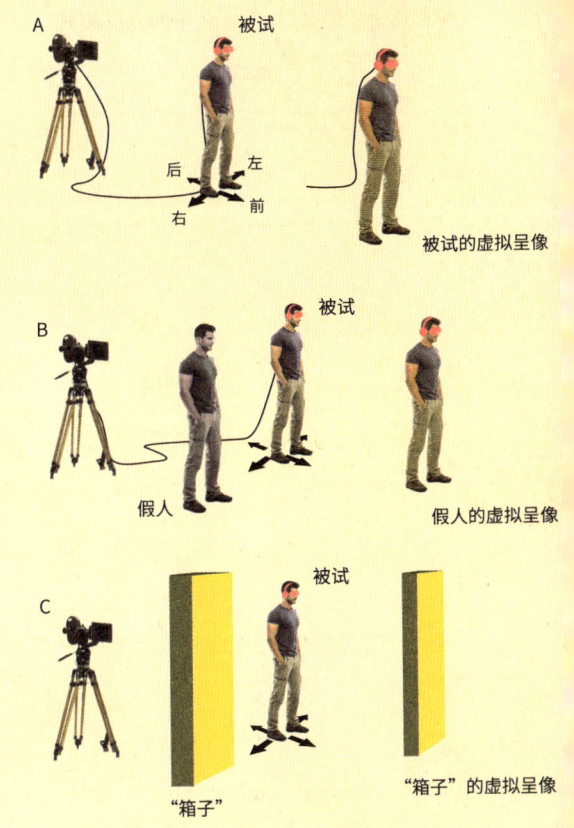

结论

研究人员写道："处于身体外的虚假的自身定位表明，自我身体意识和自我都能够从人物理意义上的躯体中分离。"

另一方面，他们承认，被试没有感觉到灵魂脱离肉体，并保留自己的原始视角（比如被试并没有感觉到从天花板上俯视自己），所以说，实验只诱发了典型"出体体验"的一些特点。

索引

Ainsworth, Mary D. Salter 玛丽·D. 索尔特·爱因斯沃斯 101
Aristotle 亚里士多德 6
Aron, Arthur 阿瑟·阿伦 7,125-126
Asch, Solomon E. 所罗门·E. 阿希 60,62-63

Bandura, Albert 阿尔伯特·班杜拉 70
Barger, Albert（"Little Albert"）艾伯特·巴格（"小艾伯特"）26,28-30
Baron-Cohen, Simon 西蒙·巴伦-科恩 145,176
Bartlett, Frederic 弗雷德里克·巴特莱特 34-36,159
Beatty, J. J. 贝蒂 86
Bell, Silvia M. 西尔维亚·M. 贝尔 101
Bemm, Daryl J. 达里尔·J. 本姆 154-156
Benson, Herbert 赫伯特·本森 150
Bergman, Moe 莫·伯格曼 54-56
Berry, Diane C. 黛安娜·C. 贝里 142
Bisiach, Edoardo 爱德华多·比夏克 134-135
Blackmore, Susan J. 苏珊·J. 布莱克莫尔 157
Blakemore, Sarah-Jayne 萨拉-杰恩·布莱克莫尔 163, 176
Blanke, Olaf 奥拉夫·布兰克 169
Botvinick, Matthew 马修·伯特维尼克 160
Broadbent, Donald E. 唐纳德·E. 布罗德本特 142
Brotzman, Eveline 伊芙琳·布罗茨曼 87
Byrd, Randolph C. 伦道夫·C. 伯德 148-150
Clever Hans (horse) 聪明的汉斯（马）100
Cohen, Jonathan 乔纳森·科恩 160
Costantini, Marcello 马尔塞洛·科斯坦蒂尼 160

Dalrymple, Sarah 萨拉·达尔林普 87
Darley, John 约翰·达利 96-97
Darwin, Charles 查尔斯·达尔文 7-8,10-12,124,176

Descartes, René 勒内·笛卡儿 6
Dickson, William J. 威廉·J. 迪克森 40
Dutton, Donald G. 唐纳德·G. 达顿 7,125

Edison, Thomas Alva 托马斯·阿尔瓦·爱迪生 169

Felipe, Nancy J. 南希·J. 费利佩 90,92
Festinger, Leon 利昂·费斯廷格 7,57,59
Fowler, E.P. E.P. 福勒 54
Frith, Chris 克里斯·弗里思 163
Frith, Uta 乌塔·弗里思 145
Galton, Francis 弗朗西斯·高尔顿 124,148,166
Gazzaniga, Michael S. 迈克尔·S. 加扎尼加 93,95
Genovese, Kitty 基蒂·吉诺维斯 96
Gleason, Curtis A. 柯蒂斯·A. 格利森 138
Graves, Nancy 南希·格雷夫斯 87
Greene, David 大卫·格瑞尼 116
Gregory, Richard L. 理查德·L. 格里高利 81-83

Haggard, Patrick 帕特里克·哈格德 160
Halligan, Peter W. 彼得·W. 哈利根 135
Harlow, Harry F. 哈里·F. 哈洛 64-66,101
Harvey, O.J. O.J. 哈维 73
Heller, Morris F. 莫里斯·F. 赫勒 54-56
Hess, Eckhard H. 埃克哈特·H. 赫斯 84-86
Hofling, Charles K. 查尔斯·K. 霍夫林 76,87,89
Honorton, Charles 查尔斯·汉诺顿 154-156
Hood, William R. 威廉·R. 胡德 73
Hubbard, Edward M. 爱德华·M. 哈伯德 166, 168
Hughes, Martin 马丁·休斯 53

Jacobson, Cardell 卡德尔·雅各布森 89
Jacobson, Lenore 莉诺·雅各布森 98, 100
James, William 威廉·詹姆斯 7-8

Kahneman, Daniel 丹尼尔·卡内曼 86,105,122,124

Keech, Marian 玛丽安·科琪 57-58

Latané, Bibb 比布·拉塔内 96-97

Layman Zajac, Theresa 特丽萨·莱曼·扎伊克 42

Lenggenhager, Bigna 锡格纳·伦根哈格 169-170

Lepper, Mark R. 马克·R. 列波尔 116

Leslie, Alan M. 艾伦·M. 莱斯莉 145

Levin, Daniel T. 丹尼尔·T. 莱文 157,159

Lewin, Kurt 库尔特·勒温 31,43-45

Libet, Benjamin 本杰明·李贝特 138,140

Líppitt, Ronald 罗纳德·莱皮特 43,45

Loftus, Elizabeth F. 伊丽莎白·F. 洛夫特斯 105, 119,121, 159

MacDonald, John 约翰·麦克唐纳 131

MacKie, Diane 戴安·麦凯 89

Marshall, John C. 约翰·C. 马歇尔 135

McBride, Glen 格伦·麦克布赖德 92

McGurk, Harry 哈里·麦格克 131-133

McNeil, Jane E. 简·E. 麦克尼尔 151

Metzinger, Thomas 托马斯·梅辛革 169

Milgram, Stanley 斯坦利·米尔格拉姆 7, 76, 78-79,87, 106

Miller, William R. 威廉·R. 米勒 128-130

Minsky, Marvin 马文·明斯基 36

Muldoon, Sylvan 西尔万·马尔登 169

Neisser, Ulric Gustav 乌瑞克·古斯塔夫·奈瑟尔 104

Nisbett, Richard E. 理查德·E. 尼斯贝特 116

Pavlov, Ivan 伊万·巴甫洛夫 7,9, 19-21, 26, 28,37

Pearl, Dennis K. 丹尼斯·K. 珀尔 138

Pennock, George 乔治·彭诺克 42

Perky, Mary Cheves West 玛丽·切夫斯·维斯特·派基 22-25

Piaget, Jean 让·皮亚杰 7, 51-53

Pierce, Chester M. 切斯特·M. 皮尔斯 87

Plato 柏拉图 6

Pygmalion (Greek legend) 皮格马利翁（希腊神话）98,100

Ramachandran, Vilayanur S. ("Rama") 维莱亚努尔·S. 拉马钱德兰 166，168

Rank, Steven 史蒂文·兰克 89

Rayner, Rosalie 罗莎莉·雷纳 28-29

Rhine, Joseph B. & Louisa E. 约瑟夫·邦克斯·莱因斯 & 路易莎 E. 154

Riecken, Henry "Hank," 亨利·里肯 "汉克" 57

Roethlisberger, Fritz 弗里茨·罗特利斯伯格 40

Rosenhan, D. L. 大卫·L. 罗森汉恩 113-115

Rosenthal, Robert 罗伯特·罗森塔尔 98,100

Ross, D.D. 罗斯 70

Ross, S. A. S.A. 罗斯 70

Schachter, Stanley 斯坦利·斯坎特 57

Seekers, The (cult) 追寻者（狂热信徒）57-59

Seligman, Martin 马丁·塞利格曼 128-130

Shapiro, Diana 黛安娜·夏皮罗 110-111

Sherif, Carolyn W. 卡罗琳·W. 谢里夫 73

Sherif, Muzafer 穆扎费尔·谢里夫 73-75

Simons, Daniel J. 丹尼尔·J. 西蒙斯 157,159

Skinner, Burrhus Frederic 伯尔赫斯·弗雷德里克·斯金纳 16, 27, 37-39, 48

Smith, Eliot 艾略特·史密斯 89

Snow, C. P. 查尔斯·珀西·斯诺 78

Sommer, Robert 罗伯特·索默 90,92

Spence, Kenneth W. 肯尼思·W. 斯宾塞 50

Sperling, George 乔治·斯珀林 67-69

Sperry, Roger W. 罗杰·W. 斯佩里 93,95

St. Claire, Lindsay 林赛·圣克莱尔 56

Stratton, George 乔治·斯特拉顿 13-15

Tadi, Tej 泰杰·塔迪 169
Thorndike, Edward 爱德华·桑代克 7, 9,16-18, 26, 37-38
Tolman, Edward 爱德华·托尔曼 48-50
Tversky, Amos 阿莫斯·特沃斯基 105, 122,124

Wallace, J. G.J.G. 华莱士 81-83
Warrington, Elizabeth K. 伊丽莎白·K. 沃灵顿 151
Wason, Peter 彼得·沃森 105, 110-111
Watson, John B. 约翰·B. 华生 26, 28-30, 37
White, B. Jack B. 杰克·怀特 73
White, Ralph K. 拉尔夫·K. 怀特 43,45
Wolpert, Daniel 丹尼尔·沃尔珀特 163
Wright, Elwood W. 埃尔伍德·W. 莱特 138
Wundt, Wilhelm 威廉·冯特 6

Zeigarnik, Bluma 布尔玛·蔡格尼克 31,33
Zener, Karl 卡尔·齐纳 154
Zimbardo, Philip 菲利普·津巴多 106-107,109
Zimmermann, R. R. R.R. 齐默尔曼 64

词汇表

连锁（Chaining）——强化个体一系列的反应以培养复杂的行为模式。

变化盲视（Change blindness）——指场景中的变化被忽视的现象。

认知失调（Cognitive dissonance）——同时持有两个相互矛盾的信念，或者遇到与现有的信念相违背的信息而引发的精神压力。

认知心理学（Cognitive psychology）——对心理过程的研究，如：注意力、语言应用、记忆、知觉、创造力和问题解决等。

胼胝体（Corpus callosum）——连接左右脑并在其间传输信息的横ական神经纤维束。

脑电图（EEG）——从头皮上记录大脑的电活动。

外在奖励（Extrinsic reward）——个体在完成任务后预期之内的奖励，不会引起更强的满足感。

内群体（Ingroup）——拥有共同利益的一小群人。

格式塔（Gestalt）——有组织的整体大于各部分的总和。

启发法（Heuristic）——解决问题的捷径，可能导致信息忽视，并且可能无法给出正确或最佳的答案。

内在奖励（Intrinsic reward）——任务圆满完成后的奖励，能够激发成就感。

肌肉运动知觉（Kinesthesis）——对四肢和躯体运动的觉察能力。

操作性条件反射（Operant conditioning）——通过强化和惩罚来习得特定的行为。

外群体（Outgroup）——你不属于其中的群体。

本体感受（Proprioception）——对身体的各部分的状态的感觉。

本体感受漂移（Proprioceptive drift）——身体或者身体的某部分被移动或错位的感觉。

反射（Reflex action）——对刺激的本能反应。

扫视（Saccade）——眼睛在定点之间简短而快速地移动。

图式（Schema）——想法、行为或经验的模式，用来组织不同类别的信息以及信息之间的关系。

心理理论（Theory Of Mind:TOM）——理解他人会持有与自己不同的信念的能力。

致谢

决定将哪些实验收入书中不是件易事,但是我有幸得到了六位心理学家的帮助,其中包括我的妻子苏·布莱克摩尔,还有各位学者、律师和邮递员。

接下来的事情就有趣多了。对于每个案例,我几乎都找到了初始论文,并阅读了它们。我尝试用简单的语言来描述每个实验,剔除不必要的"行话"。一些科学家用轻松愉快的风格写作,而另外一些的语言则晦涩难懂。在书中,我有意识地规避了技术性的统计学——我会指出研究人员发现了显著的结果,这意味着它的发生不可能只是出于偶然。

此外,"创造力"在这个领域中所扮演的重要角色给我带来了极大的震撼。一名优秀的科学家必须精力集中——就像达尔文研究蚯蚓那样。但除此之外,智慧和想象力也是必不可少的。

举几个现代的例子,西蒙·巴伦-科恩的萨莉-安妮实验很简单——它不需要昂贵的设备或复杂的程序,却生动形象地揭示了儿童的"心理理论"。同样,萨拉-杰恩·布莱克莫尔对挠痒的研究并不复杂,却找到了引发精神分裂症的一大可能因素。

在写作中,我学习了许多关于实验心理学以及人性的知识。我的创作体验很愉快,也希望你可以享受阅读的过程。

巴甫洛夫的狗

[英]亚当·哈特-戴维斯 著
张雨珊 译

图书在版编目(CIP)数据

巴甫洛夫的狗：改变心理学的50个实验/(英)亚当·哈特-戴维斯著；张雨珊译. — 北京：北京联合出版公司，2017.9(2024.12重印)
(科学的转折)
ISBN 978-7-5596-0625-9

Ⅰ.①巴… Ⅱ.①亚…②张… Ⅲ.①心理实验－普及读物 Ⅳ.① B841.7-49

中国版本图书馆 CIP 数据核字(2017)第 157128 号

Pavlov's Dog
By Adam Hart-Davis

Copyright © Elwin Street Limited 2015
14 Clerkenwell Green, London EC1R 0DP, United Kingdom
Interior design and illustrations: Jason Anscomb, Rawshock design
Photo credits: Shutterstock.com 13, 14, 85, 127, 164
Simplified Chinese edition copyright:
2017 United Sky (Beijing) New Media Co., Ltd.
All rights reserved.

北京市版权局著作权合同登记号 图字：01-2017-4597 号

选题策划	联合天际
责任编辑	徐鹏 崔保华
特约编辑	边建强 李珂
美术编辑	Caramel
封面设计	满满特丸设计工作室

出　版	北京联合出版公司 北京市西城区德外大街 83 号楼 9 层 100088
发　行	北京联合天畅文化传播有限公司
印　刷	北京雅图新世纪印刷科技有限公司
经　销	新华书店
字　数	150 千字
开　本	880 毫米 × 1230 毫米 1/32 5.5 印张
版　次	2017 年 10 月第 1 版　2024 年 12 月第 19 次印刷
ISBN	978-7-5596-0625-9
定　价	49.80 元

关注未读好书

客服咨询

本书若有质量问题，请与本公司图书销售中心联系调换
电话：(010) 52435752

未经书面许可，不得以任何方式
转载、复制、翻印本书部分或全部内容
版权所有，侵权必究